CMP BOOKS

机工IT

你的
智能办公
助手
用AI

轻松提升
工作效率

AI知学社◎组编　马国宁　崔康◎编著

U0191518

机械工业出版社
CHINA MACHINE PRESS

本书是一本实用的 AI 智能办公指南，全书共 7 章：智能办公时代已来、拥有属于你的智能办公助手——AI 工具的选择、掌握与 AI 助手的沟通技巧——提示词、应用 AI 助手快速生成各类文案、应用 AI 助手快速制作 PPT、应用 AI 助手快速完成办公任务、打造 AI 企业助手团队。本书内容通俗易懂，能够有效指导读者运用各类 AI 工具提升办公效率。

　　本书能够帮助各类职场人士通过使用 AI 提升日常办公写作的效率，也非常适合高校及各类培训机构用于教学。

　　本书配有提示词模板、学习辅导视频，读者可通过扫描关注机械工业出版社计算机分社官方微信公众号——IT 有得聊，回复本书 5 位书号76995 获取。

图书在版编目（CIP）数据

你的智能办公助手：用 AI 轻松提升工作效率／AI 知

学社组编；马国宁，崔康编著. -- 北京：机械工业出

版社，2024. 11（2025. 5 重印）. -- ISBN 978-7-111-76995-8

　Ⅰ. TP317.1

中国国家版本馆 CIP 数据核字第 2024UL4182 号

机械工业出版社（北京市百万庄大街 22 号　邮政编码 100037）
策划编辑：王　斌　　　　　责任编辑：王　斌
责任校对：王　延　陈　越　　责任印制：邓　博
北京盛通数码印刷有限公司印刷
2025 年 5 月第 1 版第 7 次印刷
165mm×225mm · 14. 75 印张 · 207 千字
标准书号：ISBN 978-7-111-76995-8
定价：69. 00 元

电话服务　　　　　　　　　网络服务
客服电话：010-88361066　　机　工　官　网：www.cmpbook.com
　　　　　010-88379833　　机　工　官　博：weibo.com/cmp1952
　　　　　010-68326294　　金　书　网：www.golden-book.com
封底无防伪标均为盗版　　机工教育服务网：www.cmpedu.com

前言

关于本书

随着人工智能 2.0 时代的到来，通过简单易懂和无技术门槛的 AI 工具，职场人都能从日新月异的 AI 技术浪潮中受益。

为了使不同技术基础的读者都能快速使用 AI 办公助手，本书汇总了当前主流的 AI 产品，通过不同办公场景、不同任务类型的实际操作示例进行最直观的介绍说明。撰写文案、制作幻灯片、生成表格、绘制流程等传统办公中的重复性工作，都可以在 AI 助手的帮助下轻松高效地完成。

当读者阅读完本书，掌握了各类 AI 办公助手的使用技巧后，如果能在技巧和工具之外激发读者探索智能办公的兴趣，进而改变自身的工作模式，那将是本书最希望起到的作用。

内容导读

第 1 章 介绍了智能办公的概念和相对于传统办公的优势。同时根据传统工作方式中的痛点问题，列举了智能办公助手可以发挥作用的主要场景，并总结了职场人应该具备的智能办公沟通技巧、思维模式以及使用 AI 技术的原则。

第 2 章 主要介绍国内市场上主流的 AI 助手产品，横向对比了不同产品在办公场景下的使用方式和特点。同时用一些简单的示例，讲解使用 AI 助手时需要了解的基本概念，如提示词、工具箱、智能体等，再用实际操作演示如何使用 AI 助手进行团队沟通、生成 Excel 表格、给文案配图。

　　第 3 章　进行提示词使用技巧的详细说明，是本书较为重要的、偏重理论知识的内容。这一章从简单提示词的构成，到进阶的提示词技巧，再到复杂办公任务的提示词综合应用，都结合实际案例进行了系统性讲解。

　　第 4 章　聚焦于如何使用 AI 助手快速生成工作中常用的文案，将模板法、长文档总结生成、AI 数据检索等方法应用于各类行政公文、事务文书的制作中。同时介绍如何用 AI 助手编写数据分析报告、推广文案和演讲稿，并控制文案风格、自动绘制图表。

　　第 5 章　围绕工作中常用的幻灯片（PPT）的快速生成，介绍如何使用 AI 助手从自动编写大纲到一键生成 PPT 成品，同时用 AI 工具完善、扩充、润色 PPT 的内容并进行 AI 配图，最后导出保存完整的 PPT 文件。

　　第 6 章　列举了各式各样的智能办公场景，如 AI 图文翻译、智能邮件写作、思维导图和流程图的 AI 绘制、智能日程助理、智能会议助理以及 AI 网页辅读，将 AI 助手在智能办公领域的应用能力做了全面的扩展。

　　第 7 章　扩展介绍了企业级的 AI 助手使用方式，包括如何快速地拥有企业专属的 AI 助手和顾问团队，详细介绍了打造定制化、专业化的 AI 企业助手的方法和工具，为公司和团队的 AI 智能办公提供了具体的思路。

本书受众

　　本书主要面向已经或即将步入职场的人士，对智能办公零基础的读者可以由浅入深逐步了解 AI 办公助手的使用方法，稍有经验的读者也可以从书中的进阶技巧和企业级 AI 应用中得到启发。尤其是每天面对重复性、流程化工作任务的职场人士，本书可以带来显著的办公效率提升。本书也非常适合作为智能办公的入门辅导书、实训手册、科普读物，面向非计算机专业的学生、教师以及其他对这一领域感兴趣的读者。

感谢

本书由 AI 知学社组织编写，我和崔康参与了本书的编写工作。

本书编写过程中，难点是如何既保证专业、严谨，同时又能让读者得到通俗易懂的内容，在成稿期间，我有幸得到了多位老师和朋友们的支持与帮助。

感谢机械工业出版社的编辑团队，他们对本书的构思和写作提供了非常专业的建议与指导。

感谢提供了本书部分编写素材和实操案例的高慧敏，以及刘鹏鹏、王思彤、康毅凯；也要感谢张祎、李晓靖两位同事在我写作遇到瓶颈时，提供了独到的见解和对 AI 产品的深入洞察。

帮助和支持我完成这本书的人很多，在此郑重地、衷心地感谢每一位为书籍出版付出过心力的人。也希望读者能够从本书中获得实用的知识和启发。AI 时代已至，希望每一个人都能在技术革新的浪潮中奋勇前行！

马国宁

2024 年 9 月 24 日

目录

02
第 2 章

拥有属于你的智能办公助手——AI 工具的选择

03
第 3 章

掌握与 AI 助手的沟通技巧——提示词

应用 AI 助手快速完成办公任务

07

第 7 章

打造 AI 企业助手团队

第 1 章
智能办公时代已来

随着 2022 年底 ChatGPT 的横空出世，人工智能（Artificial Intelligence，AI），尤其是基于大语言模型的生成式人工智能（GAI）引发了全球新一轮的 AI 热潮。无论是计算机和互联网行业的从业者，还是人工智能的圈外人，都或多或少接触到了"GPT""AI 助手""大模型"这样的词语。除了媒体铺天盖地的宣传外，职场人随之而来的焦虑感也成为各大自媒体的流量密码，相关的文章中提及最多的问题已经不是"AI 能否胜任某工作岗位"，而是已经进一步到了"你的工作什么时候会被 AI 代替"，诸如此类的信息一时间遍布了整个互联网，让许多职场人不禁感叹"智能办公时代已来"。

人工智能是一个深奥的领域，但人工智能产品不应该是晦涩难懂的。国内外各大科技厂商已经用众多"亲民"的 AI 产品佐证了这一点，只有让普通大众都能从中受益的 AI 产品，才是有广阔市场潜力的产品，曲高和寡并不是 AI 技术发展的主旋律。本章内容以及后续章节都力图用最直白易懂的方式，为读者讲解如何熟练掌握各类 AI 助手，在智能办公的时代抢占先机，最终读者将发现看似"高冷神秘"的人工智能原来可以尽在掌握。

本章要点：

- 介绍智能办公的概念和相对于传统办公的优势

- 列举智能办公的主要场景
- 职场人应该具备的智能办公技能
- 使用 AI 进行智能办公的原则

1.1　什么是智能办公

智能办公的概念非常宽泛，通常来说，只要是在工作中使用信息化和智能化提升工作效率的方法、工具，都可以归类到智能办公的概念中。但是本书聚焦人工智能的软件和平台，所以全书提到的"智能办公"概念，专门指使用自然语言大模型的 AI 产品（类 GPT 应用）进行日常工作的辅助，也就是通俗意义上的用"聊天对话"的形式让 AI 生成文字、图片，答疑解惑和执行工作任务等。

1.1.1　智能办公：应用 AI 处理日常工作

在日常工作中使用 AI 处理各种任务，主要是使用各类"AI 助手"，也就是各大科技公司提供的面向普通用户的 AI 产品和服务。"AI 助手"只是一个约定俗成的名词，在每一个厂商的产品中可能有不同的功能名词来指代，如阿里巴巴和科大讯飞的相关产品都使用了"AI 助手"的名称，百度的文心一言则是定义为"智能伙伴"，智谱清言 ChatGLM 围绕着"提效助手"作为产品宣传语，部分主流 AI 助手的 Logo 和宣传语如图 1-1 所示。本书在第 2 章中将会为读者详细介绍主流 AI 助手的特点。

无论产品功能的名称如何，面对日常办公的场景时，AI 助手的使用方法是相似的——在对话框中输入用户的办公要求（即提示词，第 3 章将详细介绍），AI 助手生成答案或直接完成工作任务。受益于人工智能大语言模型优秀的理解能力，用户输入的内容无论专业与否，AI 助手都会尝试理解并给出解答。例如，如图 1-2 所示，让 AI 助手解释"什么是智能办公 AI 助手"。

a) 百度文心一言"智能伙伴"　　　　　　　　b) 智谱清言ChatGLM

c) 讯飞星火"智能助手"

图 1-1　部分主流 AI 助手的 Logo 和宣传语

图 1-2　百度文心一言解释"什么是智能办公 AI 助手"

图 1-2 所示的示例完成了一次非常简单的 AI 助手交互过程。虽然其背后使用了大量的人工智能技术（如自然语言处理、大语言模型推理、联网检索插件），但作为普通用户完全不用考虑这些复杂技术，真正做到了"聊天式"交互，几秒钟内就可以让 AI 助手从搜狐网、百家号、日报社等网站查找信息，并整合成专业的回答解释什么是"智能办公 AI 助手"，比传统的手动搜索和整理效率提升数倍。极低的使用门槛和轻松高效的任务处理方式，是各类 AI 助手在上线后就风靡职场的主要原因。

1.1.2 传统办公的痛点：大量低效重复的工作

体验了 AI 助手的高效率之后，再重新审视每天的传统工作方式，就会发现大量低效且重复的工作充斥在职场人的日常之中。各类文案材料的编写，无数总结、汇报、方案幻灯片（PPT）、大量表格（Excel）和图表需要制作，同时还要阅读大量的网页、长篇的文档资料，参与各类会议并准备发言稿、会议总结等。诸如此类的工作在 AI 助手的加持下可以得到有效解决。以阿里云旗下的"通义千问"为例，就为职场人提供了"智能生成 PPT""文本改写专家""AI速读长文档""AI 会议纪要"等多种智能化效率工具，如图 1-3 所示。

图 1-3   通义千问的 AI 助手提供多种职场效率工具

1.1.3　智能办公的特点：大幅降本增效

传统办公效率低下的痛点在智能办公时代将得到极大改善，本节简单列举了各类办公场景下使用合理的智能办公 AI 助手后效率提升的幅度，如表 1-1 所示。

表 1-1　AI 助手对各类办公场景的效率提升对比

办公场景	传统方式完成时间	智能办公 AI 助手完成时间
一篇 2 小时的会议总结	整理会议内容加编写纪要，约 30 分钟	使用智能录音总结，十几秒即可完成，再用几分钟校对内容
一份 30 页的年终总结 PPT	资料齐全的情况下，通常需要几个小时甚至几天进行制作	上传工作材料，生成年终总结报告，约 1 分钟；再根据报告内容智能生成 PPT，约 3 分钟
一份 50 页的行业报告	收集数据通常需要 2 周时间，编写及制作报告需要 3 到 5 天不等	使用 AI 助手智能联网检索，1 到 2 小时完成数据收集；使用智能写作助手和 AI 图表生成工具，每页报告耗时约 10 分钟
一篇 15 分钟的员工大会发言稿	构思内容后进行编写、修改，约 2 到 3 小时	使用 AI 写作助手，选择"演讲稿"助手，输入主题内容后只需几秒即可生成，不满意还可以多次生成修改
一张产品手册的功能思维导图	梳理产品手册功能约 1 小时，绘制思维导图约 30 分钟到 1 小时	上传产品手册，使用 AI 阅读总结约 15 秒；再使用 AI 思维导图工具绘制，约 1 分钟

表 1-1 仅仅列举了一些日常办公中比较有代表性的场景，读者也可以发现，AI 助手在处理一些流程固定或格式固定的工作时，有非常大的效率优势，某些场景下完全可以视为一位"职场老前辈"来请求帮助。甚至特殊的工作情景下，可以将原本几天的工作缩短至几小时甚至分钟级。如何善用这些 AI 助手辅助自己的工作，已经成为当前每一个职场人的必修课。

1.1.4　类 ChatGPT 应用：引爆 AI 智能办公

本章开头提到了 ChatGPT 的发布引发了全球的 AI 热潮，ChatGPT 上线后由于其超出预期的优秀表现，在文本生成、问题回答、数学解题、编程技巧等方面均展现出了巨大潜力，注册用户突破 100 万仅仅用了 5 天时间，并在随后的两个月内突破了 1 亿月活用户的大关，成为史上增长最快的消费者应用。

对于国内用户来说，各大科技公司推出的"类 ChatGPT"应用在智能办公领域基本上可以做到平行替代。不仅如百度、腾讯、阿里巴巴、字节跳动等互联网巨头纷纷下场，许多 AI 独角兽公司也迅速崛起，如智谱华章、月之暗面、百川智能、Minimax 等都已经被各大资本重点布局。智谱清言 ChatGLM 提供了全套对标 ChatGPT 的产品系列，如图 1-4 所示，左侧为 ChatGPT 提供的 AI 能力，右侧为智谱清言 ChatGLM 提供的 AI 能力。

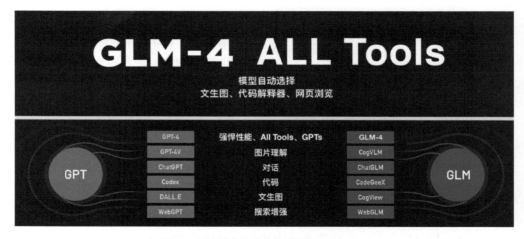

图 1-4　智谱清言全面"平替"ChatGPT

在智谱清言 GLM-4 技术开放日的演讲内容中，提到了在图片理解、对话、代码、文生图、搜索增强等多方面，都推出了与 ChatGPT 类似的服务。这对于国内的智能办公领域是极大的利好，意味着国内的职场人士可以在"类

ChatGPT"应用的辅助下，对日常办公场景做全方位的 AI 升级。

根据《北京市人工智能行业大模型创新应用白皮书（2023 年）》的统计，仅仅在 ChatGPT 诞生 1 年内，国内类似的 AI 厂商就超过了二百家，其火爆程度由此可见一斑。对于智能办公场景下的图文生成、PPT 制作、信息检索等工作，正是"类 ChatGPT"应用最为擅长的领域，可以预见到在 AI 技术蓬勃发展的背景下，职场人士都会面临"思维转型"的考验，从如何干好工作，到如何让 AI 更快更好地工作，这也是一个必然的职场进化过程。

1.2　AI 智能办公的主要场景

上一节对比了 AI 助手对各类办公场景的效率提升，其实能被 AI 技术加持的办公场景远不止如此。本节会再为读者列举一些常见的智能办公场景，增加读者对于智能办公"AI 助手"的直观感受。本节的示例大部分都会在后续内容中进行详细讲解，如果读者有兴趣，也可以直接翻阅相关章节，快速上手应用。其中用到的所有 AI 助手的产品，会在第 2 章集中介绍并做横向对比。

1.2.1　智能文案写作

文案写作是 AI 助手最基础的能力之一，打开任何主流的 AI 助手产品，首先看到的就是"对话"界面，输入任意写作要求就可以让 AI 助手进行文案创作，以百度的文心一言为例（如图 1-5 所示），让 AI 助手进行一段人工智能历史的科普文案编写。

AI 助手在十几秒内就可以迅速检索人工智能的历史知识，然后生成通俗易懂的科普文案，用"起步与梦想"作为开头引出人工智能的开端也显得富有趣味性。在文案写作这个应用场景中，AI 助手有着非常大的效率优势。

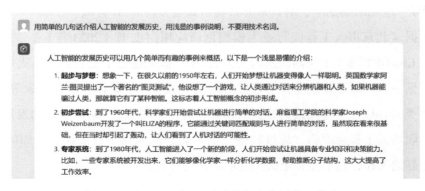

图 1-5　用文心一言 AI 助手进行文案写作（节选）

1.2.2　自动生成报告总结

阅读长篇的文献和报告也是日常工作中令人疲惫的一件事，因为高强度的信息输入和理解对于正常人的脑力和精神消耗都是非常大的。AI 助手对于篇幅较长的文档进行总结也是智能办公的一个典型应用。本示例依然使用文心一言，上传一份微软研究院对于 ChatGPT 某个特定版本的研究报告，全文约 19.8 万字，对其总结效果如图 1-6 所示。

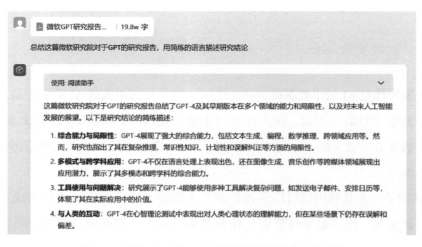

图 1-6　用文心一言 AI 助手进行报告总结（节选）

对于一篇近 20 万字的文档，AI 助手从阅读全文到分析总结，只消耗了 1 分钟左右的时间，这种处理长文档的能力在 AI 助手普及前是不可想象的。

1.2.3　幻灯片（PPT）快速制作

在所有的办公软件中，幻灯片（PPT）软件的使用率可以排进前列，这主要是由于 PPT 的形式天然适合各类会议、演讲、方案介绍、工作汇报等办公场景。AI 助手对于 PPT 的快速生成已经有非常好的支持，例如使用讯飞星火 AI 助手制作一份课程规划的 PPT，从构思主题到生成完整的 39 页 PPT 文件，只需要几分钟的时间，效果如图 1-7 所示。虽然后续还需要人工调整部分内容和图片，但对于传统 PPT 的制作过程，效率已经有了大幅的提升。

图 1-7　用讯飞星火 AI 助手快速制作 PPT（节选）

生成类似质量的 PPT 并不需要高深的技巧，只需在 AI 助手中输入"生成一份教学计划的 PPT，要求是完成本科计算机专业第一学年的专业课程培养"一句话，就可以让 AI 助手生成完整的 PPT 文件。

1.2.4　AI 快速图文翻译

在全球化的影响下，日常的生活和工作中也充满了越来越多的外文资料和产品手册，常规的文字翻译很早就不是难题，但如果希望对纸质文件或者外语标签直接拍照翻译，可能还需要 AI 助手来进行辅助。例如使用讯飞星火的智能翻译 AI 助手，只需要将图片或照片拖入网页窗口，就可以在几秒内获得一份高质量的翻译后的中文图片，使用过程和效果如图 1-8 所示。

图 1-8　用讯飞星火 AI 助手进行图文翻译

AI 助手不仅能识别需要翻译的文字，同时还可以保留图片原本的格式，如文字的位置、颜色、表格等。不仅是进行中文翻译，对于某些需要对同一份文件进行多语种制作的场景，AI 助手也能应用这项能力非常快速地产出布局相似的多语种图文素材。

1.2.5　智能邮件编写和回复

在大中型企业和集团公司中，商务邮件是部门间协作和对外沟通的正式渠道之一。阅读和回复邮件有时需要占用大量的时间和精力，但很多时候这些邮件只是为了符合公司规定的过程留痕，此类邮件通常是流程化和制式化的，使用的语气和文法也常有约定俗成的套路。AI 助手可以将这些邮件的编写和回复智能化，例如在字节跳动的豆包 AI 助手中，就提供了专门的"邮件"写作助手，如图 1-9 所示，点击邮件助手后会自动帮用户填写一部分对话内容。

在图 1-9 的下方，AI 助手提供的对话输入框中，已经填写好了提示词模板"帮我写一封关于［主题］的邮件，内容是［一句话简述内容要求］"，用户只需要将主题和邮件内容填写到对应的位置，并要求使用符合商务邮件的风格，就可以快速生成一封可以直接用于商务沟通的正式邮件，整个过程不到 1 分钟即可完成。

图 1-9　用豆包 AI 助手进行邮件编写

1.2.6　自动生成思维导图

对于偏重于策划、构思、演讲的工作，职场人通常需要绘制思维导图来帮助自己理清思路，同时也便于与团队做不同想法的交流和碰撞。例如在市场部或相关岗位的工作中，公司安排了一场新产品的市场推广活动，就可以按图 1-10 所示的方式，使用 AI 助手进行策划案思维导图的快速生成（该例使用的是 Kimi 的 AI 助手）。

在绘制的过程中，还可以直接对 AI 助手提出一些细节的要求，比如内容是否精简、每一级标题的数量限制。用户只需要描述清楚自己的需求，AI 助手就会按照要求快速生成一份合格的思维导图，在后面的章节也会介绍对生成的思维导图的进一步修改和编辑。

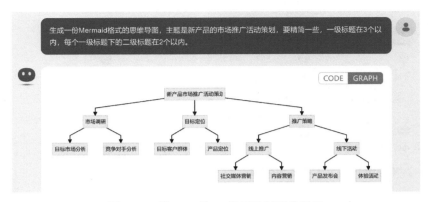

图 1-10　用 Kimi 的 AI 助手绘制思维导图

1.2.7　快速制定个人日程计划表

一份合理的日程表可以有效提升每天的工作效率，尤其对于秘书、助理类的岗位，安排好公司领导和团队的各项事务以及协作任务是必备的职位技能。但其每天的工作内容灵活多变且时间的安排和协调有时会非常复杂，拥有一个能快速制定日程安排的 AI 助手，会大幅提升此类任务的排期效率。例如在 AI 助手中，可以在对话中提供用户自身的岗位和工作任务要求，快速地制定个人日程计划表，如图 1-11 所示。

👤 用户_▨▨▨

用表格的形式，生成一张工作日程表，适用于总经理秘书的岗位。

◎ ChatGLM

以下是适用于总经理秘书岗位的工作日程表：

时间	工作内容	备注
08:00-08:30	到岗，整理办公桌，查看当天日程安排	确保工作环境整洁，提前做好准备
08:30-09:00	汇报当日工作计划给总经理	确保与总经理沟通顺畅
09:00-10:00	处理电子邮件、电话、传真等通讯工作	及时回复，确保信息畅通
10:00-11:00	安排总经理的会议、会见活动	提前准备会议材料，通知参会人员
11:00-12:00	跟进各部门工作进度，收集汇报材料	确保各部门工作按计划进行

图 1-11　用智谱清言 ChatGLM 快速制定日程计划表

给 AI 助手提供的岗位信息和具体的工作任务信息越详细，最后生成的日程表就越接近用户的最终期望。如果表中的时间安排和工作内容有偏差，也可以继续和 AI 助手对话，进行细节的调整。

1.2.8　自动生成流程示意图

流程图是技术部门常用的一种文档类型，很多技术人员在对外描述技术细节的时候，如果完全使用技术术语很难让普通人理解，而一张合理清晰的流程图就可以直观地讲解技术过程和技术细节。例如研发部门希望设计"一图掌握大模型产品研发全流程"用来作对外的讲解和示意，可以在智谱清言 ChatGLM 的"流程图小助手"中，直接输入要求，快速获取一张流程图初稿，如图 1-12 所示。

图 1-12　用智谱清言 ChatGLM 快速生成流程图

除了技术部门常用流程图外，行政部门和人力资源部门为公司员工讲解说明各类流程及制度的时候，也可以用 AI 助手快速制作流程图进行示意，尤其是在流程变更的时候，也能快速地更新流程图的对应节点。

1.2.9　智能总结会议录音和视频

各类会议是每个职场人士的日常工作的重要组成，但很多时候冗长的会议效率低下，对于此类会议的总结更是困难。AI 助手在智能总结会议的方面，提供了多种方式包括录音、视频等，如图 1-13 所示，通义千问的"效率"AI 助手就可以对会议的实时录音、会后的录像复盘提供了有力支持。

a) AI助手实时录音并总结纪要

b) AI助手总结视频会议

图 1-13 用通义千问"效率"AI 助手做会议总结

AI 助手不仅能对会议内容进行总结，还可以提供多种语言的翻译、多个发言人的区分、根据会议内容生成关键字和思维导图等，为职场人士提供一个全能的"AI 会议助理"。

1.2.10 网页智能总结

随着互联网的发展，日常工作中需要检索信息的任务也越来越多，能否快速、准确地从网络上找到真正有用的信息并进行分析和总结，已经成为职场中很重要的一部分工作。AI 助手提供的智能网页辅助阅读和总结的能力，可以有效地解决信息收集难、整理总结费时费力的痛点，只需要使用 AI 助手的联网检索汇总整理，再使用通义千问的"链接速读"AI 助手，就可以轻松完成一篇对重点网页的深度解读，如图 1-14 所示，让 AI 助手深入了解中国的铁路发展历史，并且对中国日报网的一篇报道进行总结分析、绘制思维导图。

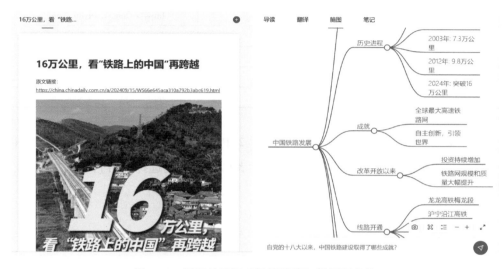

图 1-14　用通义千问"链接速读"做网页总结

输入网址链接后，只需要十几秒，AI 助手就可以完成整个页面的浏览，同时进行文章的重点总结、关键内容提取，并根据网页内容绘制一份详细的思维导图，为职场工作中收集互联网信息的相关岗位和任务提供方便快捷的工作模式。

1.3　职场人应该具备的智能办公技能

通过上述智能办公场景的简单介绍，读者可以直观感受到各类 AI 助手能给日常办公提供极大的助力。为了方便读者使用和索引，本节将全书用到的所有

AI 助手的网站链接汇总成表格，后续章节用到相关平台工具时，可以随时回到本节进行查阅。表 1-2 对市面上部分主流 AI 助手产品进行了汇总。

表 1-2　市面上主流 AI 助手产品（部分）

AI 助手名称	服务提供商	网 站 地 址
文心一言	百度	https://yiyan.baidu.com/
通义千问	阿里巴巴	https://tongyi.aliyun.com/
讯飞星火	科大讯飞	https://xinghuo.xfyun.cn/
ChatGLM	智谱华章	https://chatglm.cn/
豆包	字节跳动	https://www.doubao.com/
Kimi	月之暗面	https://kimi.moonshot.cn/

在第 2 章中，会为读者详细介绍表 1-2 中的每一个主流 AI 助手，包括各自的使用界面和横向的能力对比分析，让读者可以更好地选择适合自己使用习惯、符合自身工作特点的 AI 助手。

1.3.1　熟练掌握与 AI 助手的沟通技巧

对于职场人必备的智能办公技能，除了会使用主流的 AI 助手产品之外，还需要掌握与 AI 助手沟通的技巧。本章中为了方便读者理解，使用了跟 AI "对话"的描述方式，但如果希望更好地发挥 AI 助手在文字、图表、PPT、信息检索、知识整理方面的多维度能力，还需要掌握一项重要的技能——提示词指令。如图 1-15 所示，部分 AI 助手在使用手册中提供了详细的提示词技巧指南。

在本章中所有跟 AI 交互的"对话"语言，都是提示词的一种类型，要想发挥出 AI 助手各项进阶能力，熟练使用并根据办公场景灵活调整提示词是必不可少的，本书将在第 3 章中详细为读者介绍如何"设计一条合格的提示词"以及如何"快速写出优秀的提示词"。在掌握了这把与 AI 助手沟通的"金钥匙"之后，读者在日常的智能办公场景中将更加游刃有余。

图 1-15　百度文心一言对提示词指令的讲解（本书有所不同）

1.3.2　应用 AI 助手智能办公的思维模式

拥有了 AI 助手的产品工具、掌握了与 AI 助手的沟通技巧后，智能办公的观念和认知也是职场人需要及时调整和改变的。如何应用 AI 辅助办公的思路，有时候甚至比工具和技巧更重要。

很多初学者在接触到 AI 助手后，虽然掌握了一些智能办公的技能，但一到了实际工作中就无从下手，其实这主要是由于使用者的思维模式还没有从常规的"如何完成工作"切换到"如何让 AI 完成工作，再由自己整合交付工作"。如果是初次接触 AI 助手，可以参考图 1-16 的几个思维模块，对办公场景分类、按标准选择合适的 AI 助手，依据流程让 AI 助手完成工作。

对于办公场景的分类（如文档、协作、任务管理等）很重要，这决定了使用者能否在后面的 AI 助手选取中找到合适的产品工具；而对于选择的标准，通常可以依据自身的工作特点偏向于功能性或者是易用性进行选择，有些涉及企业内部的资料则要额外关注安全性；选好办公场景及平台工具后，剩下的就是按照常规流程让 AI 助手一步一步完成任务，再人工进行审查，提出新的要求并循环进行。

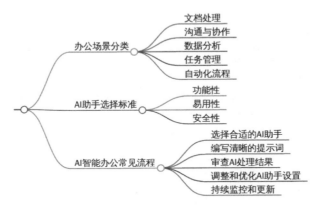

图 1-16　使用 AI 助手智能办公的思维模式（示例）

1.3.3　使用 AI 的原则和 AI 内容鉴别

在本章最后，需要郑重地提醒读者一个原则——"使用 AI，但不要过度依赖 AI"。有太多的初学者在见识到 AI 助手的强大能力后，"成瘾性"地用人工智能产品生成各种文档、图片和其他工作内容，逐渐丧失了自主思考和解决问题的能力。

对于有经验的从业者，分辨 AI 生成的文字和内容是非常容易的。当职场人士习惯了用 AI 助手处理各类工作，很容易被经验丰富的人看出端倪，市面上已经开始有不少专门做 AI 鉴别的产品，在学术界和各个高等院校已经开始初步应用。因此本书强烈建议读者，让 AI 成为像计算器、计算机、手机一样的生产力工具，而不是过度依赖、投机取巧，只有保持清醒，才能更好地迎接和适应智能办公时代的到来。

第 2 章

拥有属于你的智能办公助手
——AI 工具的选择

对于市面上十余种主流的 AI 平台，善于选择和掌握 AI 工具，往往意味着能够事半功倍。在职场办公的领域，可以借助 AI 助手迅速处理海量数据、自动生成详尽的报告，甚至还能通过强大的检索辅助判断市场的发展趋势。同时也可以利用 AI 助手轻松地实现办公自动化，例如快速撰写一份演讲稿、将其转换成思维导图或 PPT，再或者迅速分析公司所需的数据表格，即使你并非 Excel 专家，也能轻松梳理各种维度的信息，从而实现办公效率的最大化。

本章主要介绍目前市面上主流的基于大语言模型的 AI 助手平台，为读者横向比较各大产品在作为智能办公场景下的 AI 助手时，各自的优劣势和便捷程度，以便读者可以直观体验并选取符合自己使用习惯的"专属助手"。

本章要点：

- 介绍主流的 AI 助手及页面功能
- 引入提示词、智能体等 AI 助手基础概念
- 初步体验 AI 助手的文档处理、表格生成、配图绘制能力

2.1　主流 AI 平台的介绍

2.1.1　百度文心一言——有用、有趣、有温度的智能伙伴

2023 年 3 月，百度在北京召开发布会推出基于大语言模型的 AI 产品"文心一言"，并于 3 月 27 日正式上线（https://yiyan.baidu.com/）。根据其官网的介绍，文心一言是百度全新一代知识增强大语言模型，也是文心大模型家族的新成员，能够与人对话互动、回答问题、协助创作，文心一言的主界面如图 2-1 所示。

图 2-1　文心一言主界面

得益于百度在中文互联网的多年积累，文心一言从推出伊始便具有强大的中文资料库的优势，因此在文学写作、文案创作、中文理解、多模态生成等场景有非常好的表现。同时文心一言的背后也有来自百度飞桨深度学习平台和文心知识增强大模型的强大支持，对于理解和生成富含文化内涵和哲理的文本内容，文心一言拥有非常自然且人性化的语言表达，并且能够根据用户的输入快速生成高质量的文本内容如报告、邮件、文案等，极大地提高了写作效率。同时文心一言还能在生成文案的过程中，帮助用户检查语法错误、提升文本的流畅性。除了文案生成，文心一言还具备智能数据分析能力，能够处理大量数据并生成图表、进行趋势预测等（如图 2-2 所示），为行动和决策提供有力支持。

图 2-2　用文心一言预测春节流动人口情况

同时读者也需要注意，虽然文心一言能够根据用户需要快捷地生成各类文本，但在个性化定制方面仍还有待提高。例如在特定行业中，用户可能需要更加精准、个性化的解决方案，此外在真人与 AI 助手交互方式的便捷性上，还需进一步提升。

2.1.2　阿里通义千问——通情、达义的全能 AI 助手

几乎与百度的文心一言同一时期，国内另一科技巨头阿里巴巴的"通义千问"大模型也在 2023 年 4 月开启了邀请测试（https://tongyi.aliyun.com/），并在之后不久陆续接入了钉钉、天猫精灵、淘宝等多个阿里巴巴旗下的产品。如图 2-3 所示，通义千问是一个超大规模的语言模型，其提供的 AI 助手功能包括多轮对话、文案创作、逻辑推理、多模态理解、多语言支持等，基本覆盖了日常生活与办公所需要的大部分应用场景。尤其是在同年 9 月，阿里云宣布开源通义千问 140 亿参数模型 Qwen-14B 并且免费可商用，更是掀起了国内 AI 大语言模型"开源"与"闭源"两大阵营和不同商业模式的比拼热潮，对国内大模型技术生态的发展尤其是中小型科技企业起到了巨大的推动作用。

图 2-3　通义千问官网页面

目前通义千问已经更名为"通义"，并包括了一系列 AI 产品，如通义千问（AI 文生文）、通义万相（AI 文生图）和通义听悟（AI 音视频处理）等。由于本书主要聚焦在与智能办公场景相关的功能上，因此在介绍办公文案相关的任务时，依然沿用"通义千问"的名称来指代"通义"系列的 AI 产品。通义千问除了能够根据用户的要求生成相应的文本，相较于其他 AI 助手，通义千问在对文本或者图片进行情感分析上的表现非常优秀，即分析文中的情感倾向和将文本归类到预定义的情感类别中，体现了该平台"通情、达义"的设计思路（如图 2-4 所示）。而且通义千问还提供了微信小程序端，对比其他 AI 助手的微信小程序端大多都偏重各类问答应用，通义千问不单单支持问答和在线搜索，还支持实时音频 AI 记录和音视频及网页阅读等实用功能（背后依靠"通义听悟"的技术支持）。

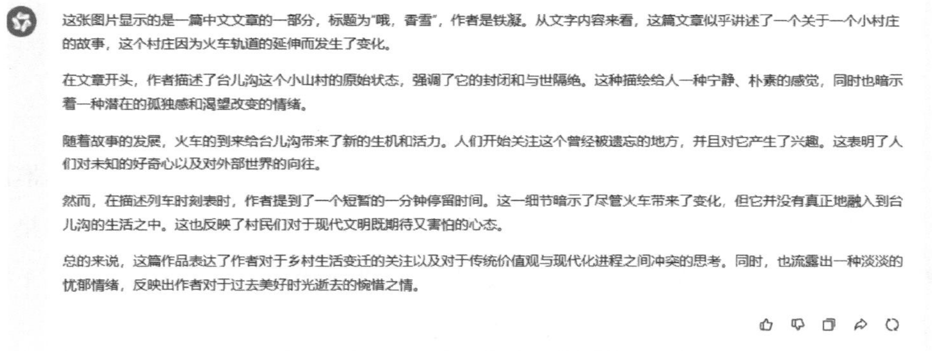

图 2-4　利用通义千问对图片中的内容进行情感分析

2.1.3　讯飞星火——懂你的 AI 助手

在国内两大科技巨头百度和阿里开始在 AI 大模型发力后不到两个月，科大讯飞也于 2023 年 5 月召开了"讯飞星火认知大模型"发布会，并上线了对标 ChatGPT 的七大核心能力，即文本生成、语言理解、知识问答、逻辑推理、数学能力、代码能力、多模交互，讯飞星火官网（https://xinghuo.xfyun.cn/）如

图 2-5 所示。

图 2-5   讯飞星火官网页面

随着多个版本的迭代进步，讯飞星火在升级基础大模型的同时又陆续推出了"星火个人空间"（专属知识库）、"星火智能体"（制作 AI 轻应用）、"星火 API"（面向开发者的 AI 接口）、"讯飞智文"（生成 Word 和 PPT）等等人工智能产品，其中不乏能显著提升办公效率的明星级产品。

特别是讯飞星火的语音大模型，完全发挥了科大讯飞多年来在中文语音处理和多语言语音翻译领域的优势。以智能办公的场景为例，讯飞星火的语音大模型可以进行"超拟人合成"，高度还原口语化和韵律发音特点，提供高度拟人化的语音合成能力，贴近真人听感效果。在翻译方面，讯飞星火提供多语言翻译，除中文普通话和英文外，支持 37 个语种自动判别，说话过程中可以无缝切换语种，并实时返回对应语种的文字结果。讯飞星火还能根据少量的关键词，自动生成相关文档（使用"讯飞智文"相关能力），大幅提高工作效率，在本书后续内容中将有单独章节对此进行重点介绍。

2.1.4　智谱清言 ChatGLM——发现更多有趣的智能体

智谱清言是北京智谱华章科技有限公司推出的生成式人工智能助手，于 2023 年 8 月正式上线（https://chatglm.cn/），如图 2-6 所示。最初的智谱清言是基于由清华技术成果转化的公司研发的中英双语对话模型 ChatGLM，经过万亿级字符的文本和代码预训练，采用了多种模型微调技术，以通用对话助手的形式为用户提供智能服务。

图 2-6　智谱清言官网页面

在智能办公领域中，智谱清言展现出了其强大的实用性，其不仅能够帮助用户更高效地完成日常任务，还能为企业提供一系列专业的私有化解决方案。使用智谱清言能够快速地搜索相关信息、整理资料、帮助用户获取所需的数据和知识。同时智谱清言也能高效地协助编辑、校对文档，包括 Word、Excel、PPT 等文件格式，具体使用场景将在本章靠后的小节进行详细说明。除此之外，对于解读数据报告、进行基本的统计分析、辅助决策等智能办公的需求，智谱清言处理起来也是游刃有余。

2.1.5   月之暗面 Kimi——超大脑容量的 AI 助手

Kimi 是国内 AI 公司月之暗面（Moonshot AI）开发的人工智能助手，虽然推出的时间较前几个产品较晚（2023 年 10 月），但却是全球首个支持输入 20 万汉字的智能助手产品（https://kimi.moonshot.cn/），如图 2-7 所示。Kimi 的整体风格更偏向于轻快简明，擅长中英文对话、联网搜索、分析本地文件，并且在"Kimi+"的功能里内置了多种私人 AI 助理以便快捷选择。

图 2-7   Kimi 官网页面

Kimi 的核心能力从发布之初就主打基于超长文本的语言理解和对话交流。不仅对于文本，包括超长的网页分析，Kimi 通过预解析技术处理起来也非常便捷。Kimi 支持上传和理解各种文档格式，包括 TXT、PDF、Word 文档、PPT 幻灯片和 Excel 电子表格等，对于 Kimi 优秀的超长文本处理能力，本书也会在后续章节中详细示例。不过相对于其他 AI 产品强大的智能体和开放 API 接口能力，Kimi 目前还稍显不足，这也与其产品定位更偏向于普通用户的文本处理场景相关，并未采取"面面俱到"的产品策略。

2.1.6　字节跳动豆包——你的专属 AI 工具库

豆包大模型是字节跳动在 2024 年 5 月份于火山引擎原动力大会上正式发布的面向公众的 AI 产品，其官网（https://www.doubao.com/）如图 2-8 所示。虽然上线较晚，但豆包在发布当天就引起了国内 AI 大模型产业的巨大震动，主要是由于其"更强模型，更低价格，更易落地"的口号带来了国内 AI 大模型产品的第一次价格战（与当时市面同类产品相比，豆包大模型推理成本仅为十分之一）。当然这个价格战对于普通用户并无影响，因为本书所涉及的 AI 助手在个人使用方面均为免费产品，豆包也不例外，应对各类智能办公场景并不涉及需要付费的服务。

图 2-8　豆包官网页面

与 ChatGPT 和文心一言等产品不同的是，豆包的产品定位更倾向于成为一个综合性的 AI 智能体平台，产品整体的交互形式以智能体的形式呈现。此外豆包也是少有的开发了 PC 客户端的 AI 工具，其在 PC 端提供的丰富快捷键，可以在计算机中快速调用豆包的各项强大功能。对于办公场景，用户可以在计算机中任何有文字的位置选中文字进行操作，例如：翻译、提取关键词、总结等等都可以一键轻松完成。相比起网页还需要使用特定的对话框输入文字才能再进行下一步操作方便了许多。PC 客户端的豆包还能够扩展插件，包含扩写、缩写、语法修正、链接总结、总结优缺点、优化提示词等等，可以更加定制化地提高办公效率。不过目前豆包对于多人实时协作的办公场景可能不够适配，比如大型团队共同编辑和讨论复杂项目方案，还需要配套的智能体平台——扣子（也是字节跳动旗下产品）——来完成复杂智能体的制作。

2.2　AI 工具初上手

2.2.1　AI 助手的页面介绍

上一节为用户介绍了市面上的主流的 AI 助手产品，严格来说，这些产品并非专门为智能办公场景而设计，而是都属于通用的人工智能工具平台，因此本书后续进行介绍时只会着重描写部分与本书主题相关的功能。除了为用户介绍各个 AI 助手主要页面包含的便于办公使用的功能外，还会横向对比介绍一些相似功能和各个工具的优缺点，重点功能会用箭头表示，方便用户快速地熟识 AI 助手的页面并获取所需要的功能。

1. 百度文心一言

百度的文心一言的界面比较简明，可以让用户快速了解其应用，如图 2-9 所示，登录后界面主要分为两个区域：

- 功能区：对话、百宝箱、使用指南。
- 对话框：支持文件分析、图片分析、指令调用，可扩展联网能力。

图 2-9　文心一言界面功能示意

2. 阿里通义千问

阿里的通义千问的风格也是比较的简明，但一些选项并不明显，所以需要一定熟悉程度后才能快速进入相关功能。如图 2-10 所示，通义千问界面主要也分为两个区域：

- 功能区：对话、效率、智能体。
- 对话框：左边的选项表示上传文件（文档分析），右边的选项可调用指令。

3. 科大讯飞星火大模型

讯飞星火的页面功能覆盖相对较全，用户可以快速便捷地找到大部分常用功能，如图 2-11 所示，其主要功能分为：

- 功能区：创建智能体、新建对话、最近使用的智能体、智能体中心。
- 对话框：提供上传文档、图片、音视频、图文的功能。
- 快捷功能区：图像生成、文本润色、网页摘要等场景应用。
- 个人中心：可以保存用户的常用文档和常用功能。

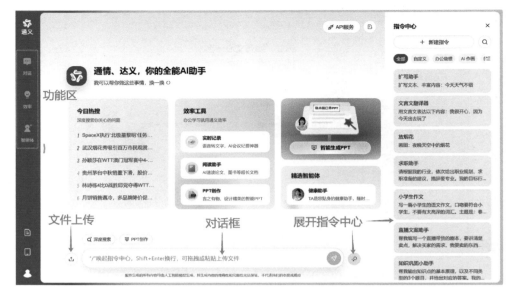

图 2-10 通义千问界面功能示意

图 2-11 讯飞星火界面功能示意

4. 智谱清言 ChatGLM

智谱清言 ChatGLM 的页面观感上相对简约，如图 2-12 所示，其设计思路为能让用户尽可能直接使用 AI 对话，并在对话框中集成了智能体的调用，其首页包含的主要功能为：

- 功能区：ChatGLM 对话、AI 生成视频、智能体中心、创建智能体。
- 对话框：左侧提供上传文件的功能，同时输入 "@" 符号可以快捷调用智能体。
- 灵感大全：快捷指令按钮，包含了许多预置的 AI 工具应用。

图 2-12　智谱清言 ChatGLM 界面功能示意

5. 月之暗面 Kimi

Kimi 的页面为纯 Logo 风格，但没有了选项的文字提示后对于初学者不利于记忆各个功能的位置，如图 2-13 所示，其主要功能为：

- 功能区：从上到下依次为回到首页、开启新对话、历史对话、Kimi+、历史智能体、下载 Kimi 智能助手、下载 Kimi 浏览器助手。
- 对话框：右下边依次为快捷调用常用语、上传文件。

图 2-13　Kimi 界面功能示意

6. 字节跳动豆包

豆包的首页功能也比较全面，用户可以非常直观地找到智能办公场景的常用功能，如图 2-14 所示，其提供的主要功能为：

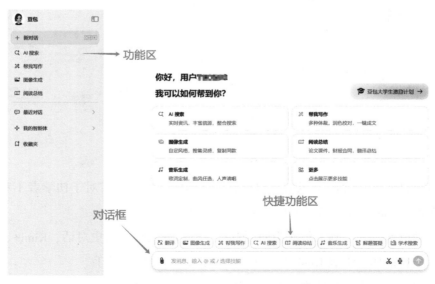

图 2-14　豆包界面功能示意

- 功能区：新对话、AI 搜索、帮我写作、图像生成、阅读总结、最近对话、我的智能体、收藏夹。
- 对话框：左侧为上传文件和文档分析功能，右侧为截图提问（目前也是唯一提供此类功能的 AI 助手）。
- 快捷功能区：包含了翻译、网页搜索、图像生成等常用功能。

2.2.2　如何快速上手 AI 工具

熟悉了主流 AI 助手平台的界面和主要功能能后，下面将为读者介绍如何与 AI 助手进行对话。本节仅提供一些简要步骤和建议，并附带着案例，旨在帮助读者快速掌握 AI 助手，更详细和进阶的使用技巧将在第 3 章具体介绍。

与常规的软件不同，用户使用 AI 助手主要是采用"对话"的方式。无论以文字形式还是语音形式，一个词语或是一个问句，在所有以大语言模型为基础的 AI 助手里它们都用一个特定的名称来指代——提示词（Prompt）。

1. 什么是提示词

提示词是用户与人工智能交互时所提供的输入指令或关键词句，简单说就是"你希望 AI 帮你做什么"。用户可以用各种不同的提示词"命令"AI 助手生成文字、图片、表格、代码、视频等丰富内容形式。使用越精确的提示词描述需求，越能从 AI 助手中得到想要的回答或完成所需的任务。

例如当用户想快速了解某一篇文档里面的内容时，若仅仅是简略的向 AI 助手描述，将得到如图 2-15a 的结果（以 Kimi 为例）。

> 简略的提示词内容：
> 这篇论文讲了什么

虽然 Kimi 很好地解答了这篇文档的大致内容，但描述得过于粗略，有时会被诟病为"言之无物"。因此在专业的办公场景下要获得更加详细的解答，用户应在提示词中加入更多的细节。

加入细节后的提示词内容：

论文中提到的模型具体是如何应用的，在分析问题时该模型有哪些优势和局限性，仿真部分是如何进行

a) 用户简略的提示词描述所生成的结果　　　　**b) 加入了细节的提示词所生成的结果**

图 2-15　不同的提示词所生成的区别

如图 2-15b 所示，当给提示词加入更多细节后，AI 助手所生成的结果就更加的具有可读性和可理解性，更加符合用户的期望结果。

2. 自动优化提示词

提示词技巧掌握熟练后，可以批量处理较为专业复杂的问题，工作效率也会大大提高。在下一章介绍具体的提示词技巧前，为了让读者更直观地感受与理解，本节简单使用通义千问来结合案例示范相对高质量的提示词。

假设用户需要在文本中加一个短视频文案，并按照情景式对话的格式生成视频脚本，每个脚本包含镜头的画面描述、视频配文、互动环节等，同时还希望短视频文案要口语化、按照 3 分钟的时间来准备所有的内容。这里用以下提示词模板作为一个示例。

提示词模板：

（1）场景引入

场景引入要宣传产品亮点。

（2）简介需求和思路

描述场景对话中遇到了什么问题，用于表现产品的使用场合和必要性。

（3）产品应用和产品介绍

延伸剧情，对产品的部分特点进行介绍。如性能、产品展示、效果、功能性和卖点等。

（4）总结引导关注互动

场景剧情的总结及产品宣传等。

根据上面的提示词模板，就可以写出相对高质量的提示词，AI 助手将按要求生成视频脚本（如图 2-16 所示）。

提示词内容：

宣传通义千问，剧情中加入镜头语言，要求剧情在办公领域中，并介绍通义千问的特点，要求口语化

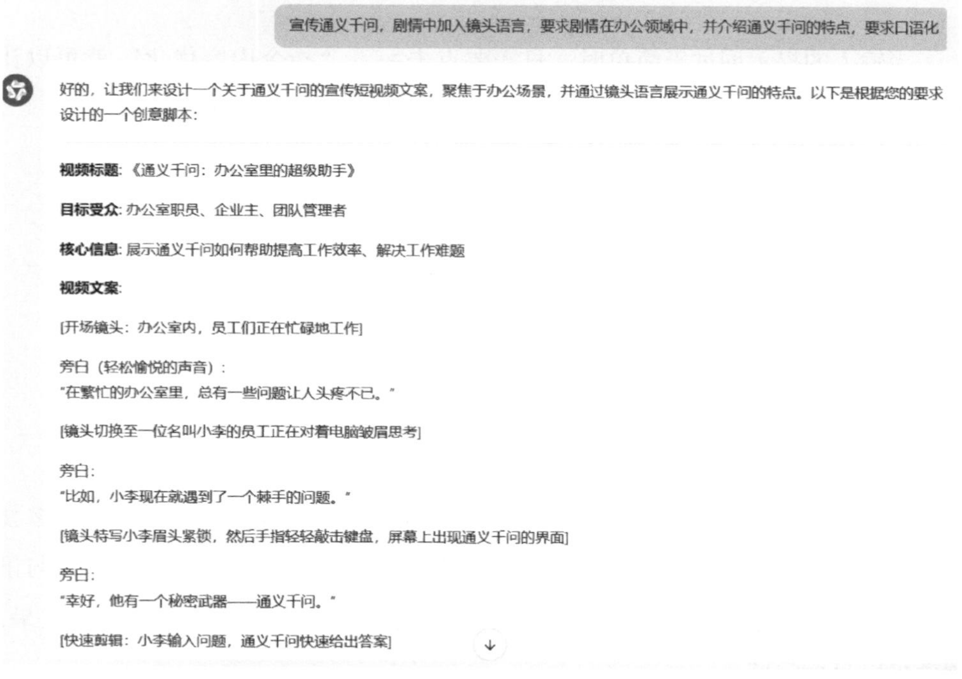
宣传通义千问，剧情中加入镜头语言，要求剧情在办公领域中，并介绍通义千问的特点，要求口语化

好的，让我们来设计一个关于通义千问的宣传短视频文案，聚焦于办公场景，并通过镜头语言展示通义千问的特点。以下是根据您的要求设计的一个创意脚本：

视频标题：《通义千问：办公室里的超级助手》

目标受众：办公室职员、企业主、团队管理者

核心信息：展示通义千问如何帮助提高工作效率、解决工作难题

视频文案：

[开场镜头：办公室内，员工们正在忙碌地工作]

旁白（轻松愉悦的声音）：
"在繁忙的办公室里，总有一些问题让人头疼不已。"

[镜头切换至一位名叫小李的员工正在对着电脑皱眉思考]

旁白：
"比如，小李现在就遇到了一个棘手的问题。"

[镜头特写小李眉头紧锁，然后手指轻轻敲击键盘，屏幕上出现通义千问的界面]

旁白：
"幸好，他有一个秘密武器——通义千问。"

[快速剪辑：小李输入问题，通义千问快速给出答案]

图 2-16　使用通义千问生成短视频文案

上面为读者展示了如何写好提示词，但这对于初学者来说还是有些太难了，所以市面上的主流的 AI 助手大部分都包含了"一键优化"提示词的功能，下面以讯飞星火和字节跳动豆包为例进行介绍。

（1）讯飞星火的优化提示词功能

为了帮助新用户快速的写好提示词，讯飞星火提供了"指令内容优化"的命令，如图 2-17 右上角所示。

图 2-17　讯飞星火的指令内容优化命令

当输入的提示词过于简单时，只需要点击一下"指令内容优化"就可以让 AI 助手自动对提示词进行优化，优化效果的对比如图 2-18 所示。

图 2-18　提示词优化前后对比

（2）豆包的优化提示词功能

以 PC 端为例，豆包的优化提示词功能，需要右键选中文本——发现更多技能——加入"优化提示词"的插件之后再使用，如图 2-19 所示。使用方式与讯飞星火类似，选中文字后就可以对提示词进行优化，这里就暂不对比其效果，读者可以自行尝试。

图 2-19 豆包的优化提示词功能

3. 利用快捷工具箱

输入框的快捷功能区也是另一种形式的提示词，AI 助手为了方便用户使用，通常预置了不同任务下所需的提示词要素，使用的门槛更低、更便捷。以讯飞星火为例，如图 2-20 所示，在提示词输入框上方横向排列了多个快捷工具。

图 2-20 讯飞星火的快捷功能区

讯飞星火的快捷功能区主要包含：内容写作、图像生成、中英翻译、文本润色、旅游攻略、学习计划、居家健身、网页摘要、儿童教育、短视频脚本、广告语创意、代码解释、代码纠错这 13 大功能入口，能够引导用户快速进入属于自己的使用场景，因为本书主要以办公场景为应用，所以在这里仅具体介绍办公相关的快捷功能，如表 2-1 所示。

表 2-1　讯飞星火快捷功能介绍（办公场景）

快 捷 功 能	子功能介绍
内容写作	类型：宣传文案、作文、话术、论文、研究报告、总结汇报、诗歌、故事、方案策划、评语、教案、小说、日记、脚本、申请、邮件、通知、会议纪要 语气：正式、口语化、礼貌、高情商、热情、简洁
图像生成	背景：森林、城市、海边、夕阳、田园、沙漠、草原、雨天、湖边 风格：水彩画、水墨画、赛博朋克、简笔漫画、3D 卡通、皮克斯、迪士尼、国画、彩铅、毕加索、浮世绘、低像素
文本润色	类型：改写、扩写、缩写、续写。仿写风格：书面语、口头语、公文用语 修辞手法：夸张、拟人、排比、借代、对偶、反问、设问
网页摘要	请输入您想要分析的网页地址
中英翻译	目标语言：英文、简体中文、繁体中文

如果用户想要进行内容写作功能，只需要选择"内容写作"这个模块，选择适合的类型和语气即可。如图 2-21 所示，整个过程非常简单和易用，用户的每一个选择实际上都是在为撰写提示词提供细节，最后由 AI 助手自动合成提示词（合成结果并不会显示），读者也可以尝试不同的文体和语气风格。

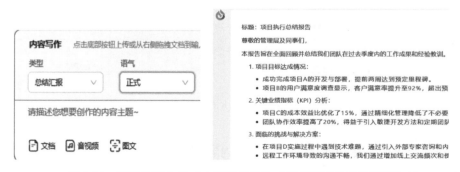

图 2-21　使用快捷功能"内容写作"生成语气正式的总结汇报

4. 其他 AI 助手的快捷功能区

不同的 AI 助手的快捷功能区略有区别，这里主要介绍在办公场景下可以用到的 AI 快捷工具，下面将分别以表格形式列出，方便读者进行选择。

（1）百度文心一言

文心一言的快捷功能区集成在了百宝箱里面，相较于其他 AI 助手，文心一言的百宝箱蕴含了各行各业的知识点，具有非常强大的专业性和可探索性，因为篇幅有限这里只说明文心一言百宝箱的两大主要功能，如表 2-2 所示。

表 2-2　文心一言的快捷功能区

文心一言	快捷功能介绍
场景	旅行度假　创意写作　灵感策划　情感交流　人物对话　商业分析 教育培训　美食之窗　热门问答　热门节日　编程辅助　绘画达人　职场效率　趣味挑战　营销文案　数据分析
职业	学生　自媒体　产品/运营　企业管理者　市场营销　销售　老师　技术研发　党政机关　行政人力

（2）阿里通义千问

通义千问的快捷功能区，需要输入"/"来唤醒快捷指令功能区，如表 2-3 所示。虽然通义千问的快捷指令非常的丰富，但同时也增加了用户的学习成本，需要读者根据实际情况进行取舍。

表 2-3　通义千问的快捷功能区

通义千问	快捷功能介绍
办公助理	创业指南针　求职助手　AI 市场分析师　软件客服专家　岗位考核目标　面试技巧　理财顾问　PPT 大纲　营销文案　行业分析
创意文案	工作评价　工作总结　方案制作　英文写作　学写议论文　文章润色　策划编辑　新闻编辑稿　撰写发言稿　活动策划　竞品分析助手
学习助手	专业知识问答　读后感生成器　开学规划　职业技能培训师　人物百科

（3）智谱清言 ChatGLM

智谱清言 ChatGLM 的快捷功能叫"灵感大全"，位置在页面右上角。相较

于其他软件，智谱清言 ChatGLM 的快捷功能更偏向于青年职场人，如表 2-4
所示。

表 2-4　智谱清言 ChatGLM 的快捷功能区

智谱清言 ChatGLM	"灵感大全"功能介绍
GLM-4	项目进度报告 PPT　周报告撰写模版　数据管理脚本　邮件自动回复　职场生存指南　法律科普　心理调试　产品宣传　企业分析器　辩论稿助手　职途规划
写作	文化销售文案　文案动力三剑客　写演讲稿　开题报告助手　文章润色　文本续写团日活动主题创想
职场人	职场委婉沟通　工作汇报策略　职场权益保护　工作效率优化　职场谈心　选择指南　数据分析　工作进度汇报　职业规划

（4）月之暗面"Kimi+"

Kimi 和百度的文心一言设计类似，并不会直接在主界面上显示快捷功能。
Kimi 的快捷方式集成在了"Kimi+"里面，如表 2-5 所示。相较于其他软件，
"Kimi+"的功能目前还比较少，但是"Kimi+"的每一个模块都来自不同的开发
者，与其对话会进入新的页面，能从更专业的角度解答用户的问题。

表 2-5　Kimi 的快捷功能区

Kimi	"Kimi+"快捷功能介绍
办公提效	提示词专家　翻译通　IT 百事通　API 助手
辅助写作	公文笔杆子　论文改写　论文写作助手

（5）字节跳动豆包

豆包的快捷功能区和讯飞星火一样，都在提示词输入框上方，但没有讯飞
星火列出的功能多。这样的好处在于，最为常用的功能可以更容易地被用户触
达，让职场新人更容易上手使用，如表 2-6 所示。

表 2-6　豆包的快捷功能区

豆包	快捷功能介绍
帮我写作	工作　学习/教育　日常生活　商业营销　文学艺术　回复与改写
AI 搜索	AI 网页检索
解题答疑	自定义问题

2.2.3　AI 助手进阶——智能体

上一小节为读者介绍了如何快速使用 AI 助手并列出了简要功能，但这对于办公领域是远远不够的，接下来为读者介绍 AI 助手中"智能体"的概念，熟练使用智能体可以让 AI 工具真正成为好用的智能办公助手。

后续有专门的章节进行智能体详细介绍，因此本节主要以"什么是智能体"和"智能体有什么用"进行简要说明。

1. 什么是智能体

智能体是 AI 助手中的应用（类似手机中安装的 APP），通常为用户提供专注于某一类办公场景的高效生产力工具。每个智能体都类似某一领域的专业助手，能为用户解决特定的问题。目前市面上主流的 AI 助手都提供智能体的应用服务，但并非所有 AI 助手中都以"智能体"命名，例如百度文心一言中是"百宝箱"，月之暗面 Kimi 则显示为"Kimi+"。

2. 智能体的应用

因为不同 AI 助手中的智能体差异较大，本书关于智能体的具体应用将在后续的章节介绍，所以这里只为用户举例一些有代表性的应用。

（1）通义千问的智能体

主要的应用：学习帮手、生活顾问、效率神器、职场创意等，如图 2-22 所示。

图 2-22　通义千问的智能体

（2）智谱清言 ChatGLM 的智能体中心

主要的应用：职场提效、社交娱乐、生活使用等，如图 2-23 所示。

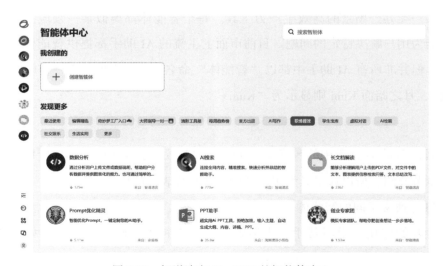

图 2-23　智谱清言 ChatGLM 的智能体中心

通过以上两个小节的介绍，为读者介绍了 AI 助手的提示词、快捷工具，并引入了智能体的概念。在了解了这些 AI 助手中的基本概念后，本章的后续内容将会介绍几个实操案例，为读者直观说明如何使用 AI 助手辅助职场沟通和初步实现智能办公。

2. 2. 4 AI 职场导师和团队沟通

在职场中要想实现工作效率的最大化，拥有一个合格的职场导师以及多人团队的交流是必不可少的。但有的时候，职场人可能无法把自己的想法和需求完整精确地表达，本节就为读者介绍如何利用 AI 助手享受专属导师的待遇并顺畅地在团队中进行交流，本节的两个小示例以讯飞星火和 Kimi 的智能体作为实际操作的工具。

1. 讯飞星火的职场导师

在讯飞星火的智能体中心里搜索"职场导师"，如图 2-24 所示。职场导师是讯飞星火为刚入职的新人准备的 AI 助手，只需要输入所遇到的职场问题，AI 导师就能为你详细解答，以下结合案例来说明。

图 2-24　讯飞星火的职场导师

作为职场新人，难免为自己的职场生涯产生困惑和担忧，所以好的职业规划是进入职场的第一步。当新人不知道该如何进行职业规划时，就可以向讯飞星火的职场导师智能体求助，如图 2-25 所示。

提示词内容：

作为刚入职的新人，我应该如何规划自己的职业生涯？请给出具体的建议和步骤。

图 2-25　AI 职场导师给出的职业规划

就像职场导师给出的答案一样，职业生涯规划是一个持续的过程，需要用户不断地学习、适应和成长。保持积极主动，不断寻求提升自己的机会，这样就能在职场上取得成功。

2. Kimi 的"i 人嘴替"

如果职场人希望提升人际沟通中的效率和质量，在 Kimi+ 中可以找到"i 人嘴替"的应用，或许能带给读者不一样的沟通思路，如图 2-26 所示。"i 人嘴替"能够帮助用户更好地表达自己的诉求、解决冲突、建立和谐的同事关系。

图 2-26　Kimi+ 的"i 人嘴替"

　　如果职场人想要催促其他团队成员完成任务，但又不知道该如何开口时，就可以利用 Kimi 的"i 人嘴替"，如图 2-27 所示。

提示词内容：
如何催促团队人员快速完成任务的方法

图 2-27　"i 人嘴替"为团队沟通提供新思路

　　可见，Kimi 的"i 人嘴替"功能给用户提供了一些建议，让内向的职场人有了更多的选择应对不同的情况。同样就像 Kimi 所说："催促团队成员时，最重要的是要保持团队的凝聚力和积极性，同时也要考虑到每个人的工作负担和压力。通过积极的沟通和支持，就可以一起推动项目向前发展。"

2.2.5　使用 Kimi 快速浏览长文档

在日常办公中有的时候需要对长文本进行理解和总结，将大量的信息分条梳理成文档或 PPT，但传统的阅读已经赶不上智能办公时代的效率要求。使用 AI 助手快速浏览文档，可以将重要信息提取出来，大幅提高办公效率。在前文中提到，Kimi 从产品推出起就主打对于超长文本的智能解析功能，依据官方介绍，Kimi 目前可以快速浏览 20 万字左右的文本，同时还在内部测试 20 万字提升到 200 万字的阅读能力。本节选用 Kimi 进行超常文档的处理，作为实际操作示例选取了一篇 278 页、字数 17.8 万字的文件进行上传。以下将实操的过程进行演示，后续小节也会将结果与其他 AI 助手做对比，以供读者评价和选择。

1. 使用 Kimi 阅读超长文档

将上述文件拖入提示词对话框即可完成上传，之后再输入需要提问的提示词就可以让 AI 助手帮助使用者迅速解答想要的内容。使用如下提示词，AI 助手基于文档回答的内容展示在图 2-28 中。

这份文档是《2020年中国技术发展白皮书》，它详细地概述了中国在科技领域的发展历程、当前形势、技术趋势，并对未来进行了展望。以下是文档的重点内容概要：

1. **综述篇**：分析了全球科技革命的历程，中国改革开放四十年来的技术发展脉络，以及中国当前技术发展形势与中外对比分析。

2. **技术篇**：深入探讨了人工智能、5G、云计算、物联网、区块链、工业互联网、自主事物、虚拟现实等关键技术领域的发展现状、产业链全量、技术趋势分析及行业应用。

3. **中国技术发展脉络**：从1978年全国科技大会的召开，到科技体制改革，再到创新型国家的建设，详细记录了中国在不同阶段的技术进步和政策导向。

4. **科技创新与国家竞争力**：讨论了技术创新对国家经济发展的重要性，以及中国如何通过科技创新提升国家竞争力。

5. **新基建**：在新冠疫情背景下，中国政府如何推进新型基础设施建设，包括5G网络、数据中心、人工智能等，以促进经济的高质量发展。

6. **技术与经济的关系**：分析了技术如何推动经济增长，技术创新与模式创新对经济增长的作用，以及技术发展对经济结构变革的主导作用。

7. **前沿技术发展趋势**：对智能化技术如人工智能、5G通信、光电芯片、大数据等进行了成熟度和系统性的分析，预测了这些技术将如何推动社会进入"智能时代"。

8. **国际合作与竞争**：讨论了在全球化背景下，中国如何通过国际合作提升自身的技术能力和国际竞争力。

9. **产业应用**：分析了技术在各个产业中的应用，如智能制造、智慧城市、智能交通等，以及这些应用如何促进产业的高质量发展。

10. **未来展望**：对技术的未来发展进行了预测，包括技术如何进一步推动社会变革，以及中国在全球科技竞争中的定位和策略。

文档强调了科技创新在国家发展中的核心地位，并展示了中国在科技领域取得的成就和面临的挑战。同时，它也提出了中国在新时代背景下，如何通过科技创新实现高质量发展的战略思考。

图 2-28　使用 Kimi 理解超长文档并总结

> 提示词内容：
> 请总结文档的主要内容和重点。

　　Kimi 只用很短的时间就可以完成提示词描述的任务（文档总结），可以看到生成的结果也比较精准，相比于人工阅读梳理更为高效。

　　2. 其他 AI 助手理解长文本的效果对比

　　除了擅长处理超长文本的 Kimi，这里也为读者展示不同 AI 助手之间快速浏览理解长文本的效果，也是为读者提供更多的选择。需要注意的是，百度的文心一言暂不支持处理字数超过 15 万字以上的文件，智谱清言 ChatGLM 也有类似的限制（20MB 以下）。这里对字节跳动豆包 AI 助手的长文本处理效果进行展示，如图 2-29 所示。

图 2-29　豆包 AI 助手的长文本处理效果

　　因为豆包生成内容的过多，所以这里只截取一部分内容。可以看到，单纯从生成的字数上来看，豆包总结得很翔实，但缺点在于其只把文档阅读了一遍，不够简练。另一个问题是由于超出字数限制，只识别了文档 76% 的内容，相较于 Kimi 所生成的结果对比来看，在超长文本的处理上还有提高的空间。本书也对比了其他的 AI 助手，无论是通义千问还是讯飞星火，都无法将超长文档进行准确的总结，甚至还出现只总结题目的情况，篇幅所限就不再分别展示结果。在目前阶段，对于有大量的、长篇的文档处理需求的场景，还是更推荐使用 Kimi 作为相应的 AI 工具。

2.2.6　使用智谱清言 ChatGLM 快速制作 Excel 表格

Excel 表格的制作是日常办公非常重要的技能之一，熟练地使用 Excel 表格能够提高工作的效率，但在制作 Excel 表格的过程中，往往需要进行多次的修改和美化，增加了工作上的难度，花费更多时间。读者可以尝试使用 AI 助手快速制作 Excel 表格，从而大幅减少制作的时间，这里以智谱清言 ChatGLM 为例进行演示。

在智谱清言的智能体中心里面搜索"Excel"关键词，可以找到多个处理 Excel 表格的智能体应用，如图 2-30 所示。这里只简单举例如何快速生成 Excel 表格，并且是让 AI 助手自行收集所需要的相关数据。

图 2-30　智谱清言的 Excel 智能体

提示词内容：
生成北京城市在 2023 年国庆节每天的人流流量，并进行绘制柱状图，最后生成 Excel 表格选择进入"Excel"智能体后输入上述提示词，AI 助手会首先列出完成 Excel 制作的几个步骤：1）数据生成；2）数据可视化；3）生成 Excel 表格。之后 AI 助手会花费短暂的时间进行 Excel 的代码生成，并在完成后提供 Excel 文件的下载链接，如图 2-31 所示。

图 2-31　使用"Excel"智能体快速生成表格

完成后点击下载按钮，用户就可以获取 Excel 文件进行查看和编辑，如图 2-32 所示。

可以看到，智谱清言 ChatGLM 制作的表格还是比较规整的，并且正确保留了柱状图生成时的关联数据，这样也方便使用者进行后续的调整，在有数据问题的时候无须重新生成。这里需要注意的一点就是，在提示词中一定要说明清楚是在 Excel 表格中生成柱状图，否则智谱清言生成的 Excel 表格中是没有柱状图的。

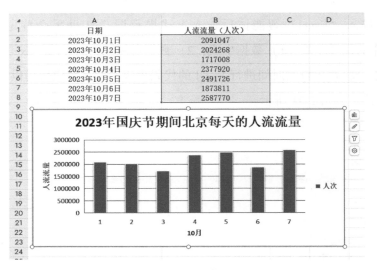

图 2-32　下载后的表格及柱状图

2.2.7　使用 AI 助手生成配图

在日常办公中经常遇到需要在文档或者 PPT 中插入配图。但在选取图片的过程中，往往都需要用大量的时间去选取符合文案含义的配图，有时还存在版权方面的风险。本节将为读者演示如何利用 AI 助手快速进行配图的绘制。对于某些 AI 助手 "文生图" 的功能存在一定限制，例如目前 Kimi 暂不支持 AI 绘图功能，讯飞星火需要先选择快捷功能的 "图像生成" 才可以进行绘图。为了对比效果，这里采用同样的提示词，生成的配图效果如图 2-33 所示。

提示词内容：
生成一张图片，内容是卡通的办公室场景，展现现代办公的科技感。

相对而言，讯飞星火的 AI 配图要更有层次感一些，"豆包" 给了用户更多的选择（每次生成 4 张备选），而其他 AI 助手的生成结果也都有各自的特点。当然本节仅提供一个横向对比，让读者了解 AI 助手的配图能力。更为精致的美术作品级绘画功能在办公场景下较少用到，因此不做过多扩展讨论。

a) 文心一言AI配图

b) 通义千问AI配图

c) 讯飞星火AI配图

d) 智谱清言AI配图

e) 豆包AI配图

图 2-33　AI 助手绘图效果的对比

第 3 章

掌握与 AI 助手的沟通技巧
——提示词

本章主要介绍如何简单、快速、高效地编写提示词，使没有人工智能基础的职场人士也能让 AI 助手准确地理解并完成相关任务。上一章的内容中，在介绍各大 AI 助手工具的同时，已经简要介绍了"提示词"这个概念，并在多个办公场景中演示了用简单的提示词即可让 AI 助手完成一系列的功能。本章将详细介绍提示词技巧，由浅入深地讲解提示词的基本构成，快速应对各类办公场景；介绍部分进阶提示词，完成相对复杂的办公任务。读者无须完整记住这些技巧和理论，只需要直观地理解提示词的作用，就可以快速上手本书后续其他章节的内容，如办公写作、幻灯片制作、AI 智能体等。

本章要点：

- 提示词的基本组成部分
- "好"提示词与"差"提示词的对比
- 提示词的进阶小技巧
- 综合运用提示词技巧完成复杂任务

3.1　提示词基本技巧

读者可以简单地把"提示词"理解为和 AI 助手沟通的语言。尽管这种语言和人们平时说话使用的语言本质上并无区别，但类似人与人之间的交流，不同的沟通技巧——提示词的不同使用方法——会导致 AI 助手产生完全不同的工作效果。换言之，熟练掌握提示词的编写技巧并根据实际场景灵活应用，是最大化 AI 助手能力的"金钥匙"。

随着各类基于大语言模型的 AI 助手的出现，有相当多的研究人员聚焦在如何写出"更好"的提示词上，并总结出了许多行之有效的提示词编写模式，提示词的设计已经成为一项系统而专业的工程技术。在大量面向普通用户的 AI 助手出现后，提示词技巧已经是公认的最快速、最低成本发挥 AI 助手强大能力的方法，因此各个 AI 助手平台也分别内置了许多便捷的提示词工具。比如字节跳动旗下的豆包大模型提供了"帮我写作"，点击选择即可获取几十个提示词模板（如图 3-1 所示）；百度的文心一言则是更为简便，直接在提示词的输入窗口中

图 3-1　豆包大模型"帮我写作"中的提示词模板

提供了"润色指令"的功能，可以一键将普通对话转换为专业提示词。

许多人在初次接触 AI 助手时会感到无从上手，尤其是对于提示词的编写会产生为难情绪。其实在普通应用场景中，"提示词"没有那么神秘，甚至可以用"极简"的形式出现，比如仅仅输入一个脑海中想到的词：

> 办公

AI 助手就会基于这个词"办公"开始生成文字内容，有的 AI 助手还会主动进行联网搜索，如图 3-2 所示。

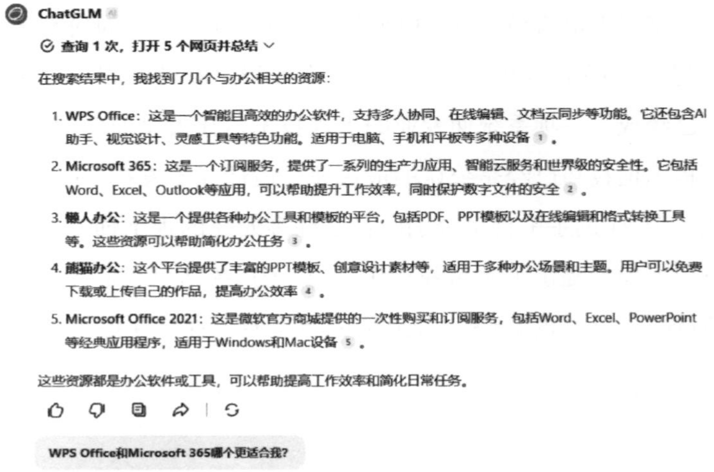

图 3-2　简单提示词"办公"就可以获得 AI 助手的响应

当然，这种使用提示词的方法仅作为示例，并不推荐在真正的日常工作中使用，本章介绍不同场景下适用的各类提示词和模板，覆盖了从简单的查询到复杂的提示词语句。

3.1.1　一条合格提示词的基本构成

在了解提示词编写的各种技巧前，我们先来了解一条合格的提示词中都有哪些组成的要素。提示词通常包括四大要素：要求、问题、背景信息和示例。

在实践中，要想让 AI 助手准确地给出答案或完成任务，提示词里必须包含"要求"或"问题"，其他要素则是可选的，可以在一次交互中全部写出，也可以在多轮交互中根据 AI 助手的回答情况进行补充。

AI 助手中的基本提示可以很简洁，比如直接询问某一个问题"什么是……"，或给出某个特定任务的指令"请帮我做……"。如果提出的问题或任务比较复杂，那么可以使用更高级的提示词引入更复杂的结构，如"思维链"和"思维树"，使用这类提示词的 AI 助手会被引导遵循一个逻辑思考过程来得出答案。在了解一条合格提示词的基本构成后，本节在这里给出几种常见的提示词要素组合方式，基本可以覆盖大多数办公场景的使用。

1. 问题+要求

> 提示词示例：
> 我应该如何写工作报告？给我一些建议，关于应该涵盖的不同章节、应该采用的行文风格以及应该规避的措辞。

在这条提示词中，给出的问题是"如何写工作报告？"通常这类"How-to"问题直接询问 AI 助手也是可以的，但在真实的办公场景下，工作类的文书一般会有公司、上级、团队的规范和要求，因此，如果想在实际日常办公中使用这类提示词，需要加入一定的要求，如行文风格、章节规范等等。使用了"问题+要求"的提示词组合后，AI 助手会给出相对专业细致的内容反馈，如图 3-3 所示。

在 AI 助手给出的回答中，按照要求给出了工作报告需要包含的"工作进展""问题和解决方案""下一步计划"等核心章节，同时也根据提示词生成了注意事项和措辞建议，内容基本满足提示词的设定范围。

作为最简洁的"问题+要求"提示词组合，AI 助手会非常直接地给出回答，通常用于办公场景的第一步。例如上述工作报告的要求，可以直接在 AI 助手中继续发布任务"请根据上面的要求，生成一篇 2000 字的工作报告，我的工作内容是……（省略）"，AI 助手将继续执行后续的任务。所以当需要给出一定的背景知识、基本信息、前提条件等情况的时候，可以采用接下来介绍的"要求+背景信息"提示词组合。

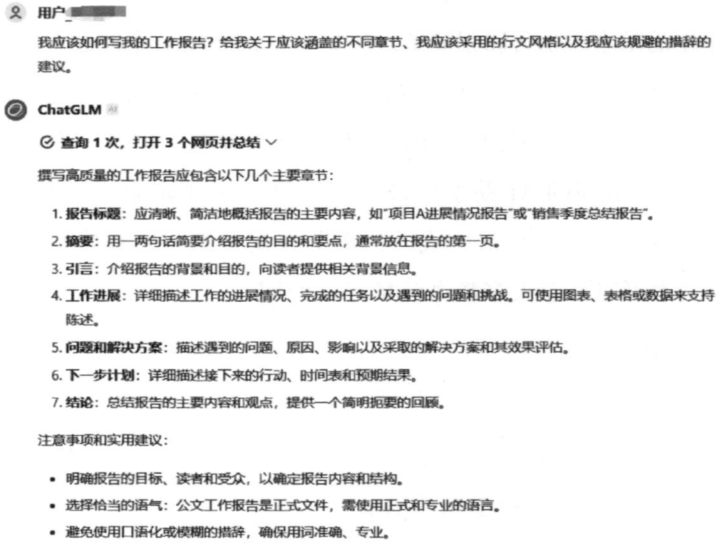

👤 用户_▮▮▮▮

我应该如何写我的工作报告？给我关于应该涵盖的不同章节、我应该采用的行文风格以及我应该规避的措辞的建议。

◉ ChatGLM 从

⊘ 查询 1 次，打开 3 个网页并总结 ∨

撰写高质量的工作报告应包含以下几个主要章节：

1. **报告标题**：应清晰、简洁地概括报告的主要内容，如"项目A进展情况报告"或"销售季度总结报告"。

2. **摘要**：用一两句话简要介绍报告的目的和要点，通常放在报告的第一页。

3. **引言**：介绍报告的背景和目的，向读者提供相关背景信息。

4. **工作进展**：详细描述工作的进展情况、完成的任务以及遇到的问题和挑战。可使用图表、表格或数据来支持陈述。

5. **问题和解决方案**：描述遇到的问题、原因、影响以及采取的解决方案和其效果评估。

6. **下一步计划**：详细描述接下来的行动、时间表和预期结果。

7. **结论**：总结报告的主要内容和观点，提供一个简明扼要的回顾。

注意事项和实用建议：

- 明确报告的目标、读者和受众，以确定报告内容和结构。
- 选择恰当的语气：公文工作报告是正式文件，需使用正式和专业的语言。
- 避免使用口语化或模糊的措辞，确保用词准确、专业。

图 3-3 使用"问题+要求"的提示词组合生成的内容（节选）

2. 要求+背景信息

提示词示例：

根据以下访谈信息，写一篇 4 段的人物采访稿："我最初在北京的一家小型创业公司工作。虽然在职业生涯的初期面临了诸多挑战，比如项目资源匮乏和团队协作不畅，但我仍然认为那是一段富有成长意义的经历。在那段工作期间，我频繁地更换工作项目，接触过各种类型，从简单的文案策划到复杂的市场调研。我在那些年做得最"独特"的事情之一是独立完成了一个重要客户的大型营销方案，获得了客户的高度认可。我很早就开始追求专业技能的提升。我的第一次自我提升，学习项目管理知识，是在 20 岁。在那之后，在我的整个职业发展过程中，我学习过数据分析、市场营销，甚至人力资源管理。"

这条提示词中的要求是“写人物采访稿”，基于的背景信息则是给出的一段个人经历简介。在这个场景中并不涉及任何的“问题”，所以并不需要加入额外的提问要素，可以看到，AI 助手给出的采访稿如图 3-4 所示。

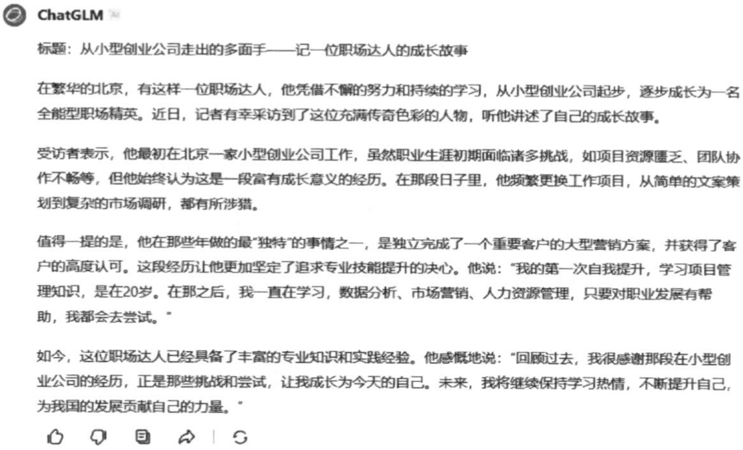
ChatGLM

标题：从小型创业公司走出的多面手——记一位职场达人的成长故事

在繁华的北京，有这样一位职场达人，他凭借不懈的努力和持续的学习，从小型创业公司起步，逐步成长为一名全能型职场精英。近日，记者有幸采访到了这位充满传奇色彩的人物，听他讲述了自己的成长故事。

受访者表示，他最初在北京一家小型创业公司工作，虽然职业生涯初期面临诸多挑战，如项目资源匮乏、团队协作不畅等，但他始终认为这是一段富有成长意义的经历。在那段日子里，他频繁更换工作项目，从简单的文案策划到复杂的市场调研，都有所涉猎。

值得一提的是，他在那些年做的最"独特"的事情之一，是独立完成了一个重要客户的大型营销方案，并获得了客户的高度认可。这段经历让他更加坚定了追求专业技能提升的决心。他说："我的第一次自我提升，学习项目管理知识，是在20岁。在那之后，我一直在学习，数据分析、市场营销、人力资源管理，只要对职业发展有帮助，我都会去尝试。"

如今，这位职场达人已经具备了丰富的专业知识和实践经验。他感慨地说："回顾过去，我很感谢那段在小型创业公司的经历，正是那些挑战和尝试，让我成长为今天的自己。未来，我将继续保持学习热情，不断提升自己，为我国的发展贡献自己的力量。"

图 3-4　使用“问题+背景信息”的提示词组合生成的内容

从 AI 助手生成的内容看，文体符合提示词的要求“四段式人物采访稿”，同时，AI 助手充分理解了提示词中“我”的个人经历，总结了一个高度凝练的标题，以一个采访者的视角，重新设计了如下的采访稿的行文结构：

标题：从小型创业公司走出的多面手——记一位职场达人的成长故事

在繁华的北京，有这样一位职场达人，（省略）……听他讲述了自己的成长故事。

受访者表示，他最初在北京一家小型创业公司工作，（省略）……从简单的文案策划到复杂的市场调研，都有所涉猎。

值得一提的是，他在那些年做得最“独特”的事情之一，是独立完成了一个重要客户的大型营销方案，并获得了客户的高度认可。（省略）……

如今，这位职场达人已经具备了丰富的专业知识和实践经验。他感慨地说：“回顾过去（省略）……”

在整篇采访稿中，AI 助手将一段平铺直叙的经历描述，改写成了娓娓道来故事，同时详略有度，既有总结概括也有摘录其中的细节，并且用倒叙手法完成了首尾呼应。对于 AI 助手来说，要想获取类似的文章生成质量，"要求+背景信息"的提示词是必不可少的，尤其是背景信息的详略会直接影响 AI 助手最终的内容生成效果。

3. 示例+要求

有些时候，在日常办公时，很多需求不容易进行精准描述，比如在一个项目中遇到难题，虽然尝试多种办法但仍然没有头绪，就需要头脑风暴来拓宽思路；又比如个人职业生涯遇到瓶颈，有心继续向上努力，但又不知道方向。类似这种需要让大脑"跳出思维局限"的场景，非常推荐使用"示例+要求"类型的提示词模板让 AI 助手发挥"专业顾问"的作用。

下面用一个例子进行说明。

> 提示词示例：
>
> 以下是一些我已经考取的职业资格证书：注册会计师证、税务师证、资产评估师证。我不需要内部审计师证。你还推荐我考取什么其他证书？

在这条提示词中，其实是使用者希望解答一些职场方向的问题，但又没有明确说明自己的职业和目标。但 AI 助手可以正确解读提示词中的"示例"——各种已经考取的证书，以及使用者的"要求"——推荐其他证书。对于 AI 助手来说，这些内容已经足够完成一次职业规划建议，如图 3-5 所示。

AI 助手会主动联网查询与示例给出的几个证书相关联的专业领域，并且生成分析和推荐清单。提示词中的正向示例"已经考取的证书"让 AI 助手确定了使用者的行业和领域，而负向示例"不需要内部审计师证"其实也纳入了 AI 助手的考虑范围：

> 根据您的需求，考虑到您已经拥有注册会计师证、税务师证和资产评估师证，以下是一些建议您考虑的其他专业资格证书：

1. 特许金融分析师（CFA）：（省略）……
2. 国际注册内部审计师（CIA）：**虽然您提到不需要内部审计师证，但 CIA 证书在内部审计领域具有很高的认可度，**如果您的工作涉及内部审计，这可能是一个有益的补充。（省略）……

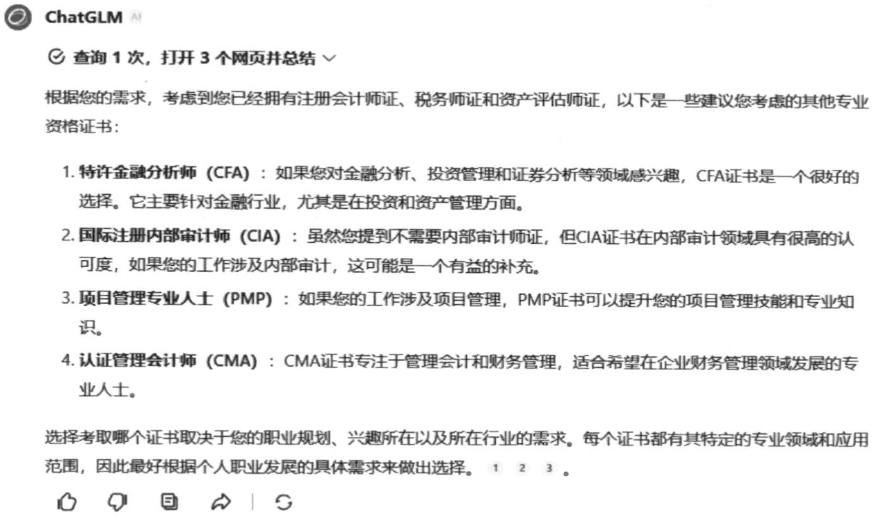

ChatGLM AI

⊘ 查询 1 次，打开 3 个网页并总结 ∨

根据您的需求，考虑到您已经拥有注册会计师证、税务师证和资产评估师证，以下是一些建议您考虑的其他专业资格证书：

1. **特许金融分析师（CFA）**：如果您对金融分析、投资管理和证券分析等领域感兴趣，CFA证书是一个很好的选择。它主要针对金融行业，尤其是在投资和资产管理方面。
2. **国际注册内部审计师（CIA）**：虽然您提到不需要内部审计师证，但CIA证书在内部审计领域具有很高的认可度，如果您的工作涉及内部审计，这可能是一个有益的补充。
3. **项目管理专业人士（PMP）**：如果您的工作涉及项目管理，PMP证书可以提升您的项目管理技能和专业知识。
4. **认证管理会计师（CMA）**：CMA证书专注于管理会计和财务管理，适合希望在企业财务管理领域发展的专业人士。

选择考取哪个证书取决于您的职业规划、兴趣所在以及所在行业的需求。每个证书都有其特定的专业领域和应用范围，因此最好根据个人职业发展的具体需求来做出选择。 1 2 3 。

🖒 🖓 🖹 ↗ ｜ ↻

图 3-5　使用"示例+要求"的提示词组合生成的职业规划建议

AI 助手并没有一味地排除负向示例中提到的证书，而是从侧面给出了中肯的建议，让使用者多一些参考的思路，这也是"示例+要求"提示词组合所发挥的另一个重要作用。

4. 问题+背景信息+示例+要求

对于某些复杂的日常办公场景，可能简单的两两组合提示词要素并不能充分表达职场人的需求，那么可以综合运用"问题+背景信息+示例+要求"的提示词组合尽可能把精准的信息传递给 AI 助手，以便获取更符合要求的回复。另一个小提示是，提示词的几大要素并不需要一次性输入，可以分步骤输入相关信息。目前，AI 助手的文本处理长度可以支持大部分办公应用，无须担心 AI 助手会"忘记"之前的信息。

　　这里用一个人力部门希望提升团队协作效率的场景作为示例，其他的职场情景可类似参考。第一步输入的提示词将输入"问题+背景信息"，当 AI 助手给出回答后，在第二步的提示词中补充"示例+要求"。

> 提示词示例——第一次输入：
>
> 　　如何加强项目团队的内部协作，提升整体工作效率？我们公司是一家专注于提供在线教育解决方案的企业。公司旗下的产品开发团队由 20 名成员组成，包括项目经理、软件工程师、UI/UX 设计师和数据分析师等不同职能人员。近年来公司对产品迭代速度和质量的要求越来越高，而产品开发团队在多个项目周期中表现出了协作不畅、沟通效率低下的问题，导致项目延期和产品质量问题频发。

　　第一次输入的提示词明确了问题是"如何提高团队效率"，并概括描述了公司目前的团队情况以及目前面临的痛点问题。AI 助手对此给出的初步回答如图 3-6 所示。

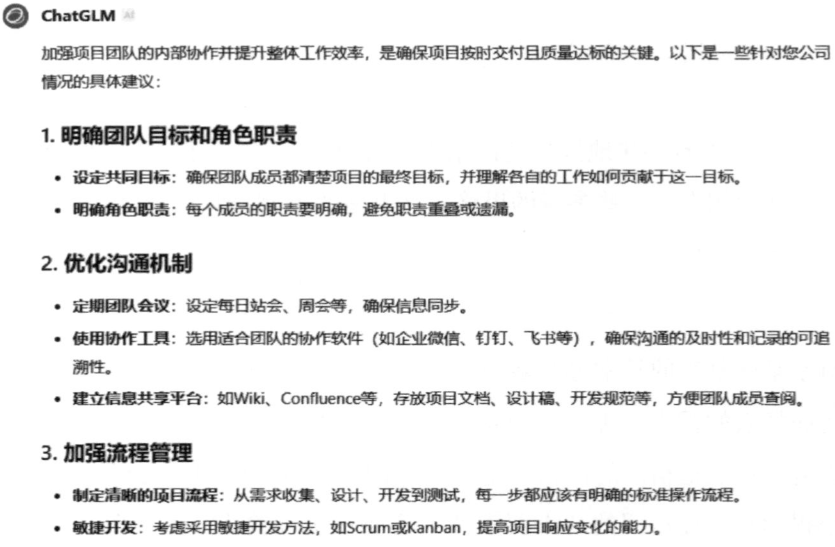

ChatGLM

加强项目团队的内部协作并提升整体工作效率，是确保项目按时交付且质量达标的关键。以下是一些针对您公司情况的具体建议：

1. 明确团队目标和角色职责

- **设定共同目标**：确保团队成员都清楚项目的最终目标，并理解各自的工作如何贡献于这一目标。
- **明确角色职责**：每个成员的职责要明确，避免职责重叠或遗漏。

2. 优化沟通机制

- **定期团队会议**：设定每日站会、周会等，确保信息同步。
- **使用协作工具**：选用适合团队的协作软件（如企业微信、钉钉、飞书等），确保沟通的及时性和记录的可追溯性。
- **建立信息共享平台**：如Wiki、Confluence等，存放项目文档、设计稿、开发规范等，方便团队成员查阅。

3. 加强流程管理

- **制定清晰的项目流程**：从需求收集、设计、开发到测试，每一步都应该有明确的标准操作流程。
- **敏捷开发**：考虑采用敏捷开发方法，如Scrum或Kanban，提高项目响应变化的能力。

图 3-6　综合使用提示词四大要素的第一步生成结果

从给出回答来看并没有符合预期，原因是这一步生成的建议过于通用，思路正确但是缺少实际的操作方法，因此接下来需要继续补充其他两个提示词要素"示例+要求"。

> 提示词示例——第二次补充输入：
>
> 刚才的建议太空洞了，请给出更具有实际操作意义的方法，并解释对应方法能达到的效果。目前我们已经采用的方法：建立定期的团队沟通会议，确保信息透明；实施跨部门协作工作坊，增强团队成员间的信任和理解；推行敏捷开发方法，提高项目管理的灵活性和响应速度。

在第二次输入的提示词中，明确了要求"具有实际操作意义"，同时也列出了团队已经采取的一些现行策略，AI 助手第二次生成的内容节选如图 3-7 所示。

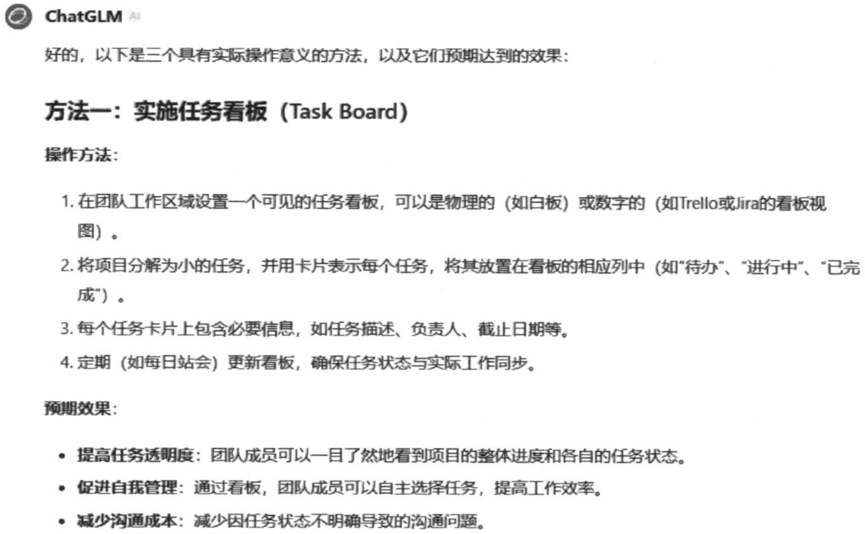

ChatGLM AI

好的，以下是三个具有实际操作意义的方法，以及它们预期达到的效果：

方法一：实施任务看板（Task Board）

操作方法：

1. 在团队工作区域设置一个可见的任务看板，可以是物理的（如白板）或数字的（如Trello或Jira的看板视图）。
2. 将项目分解为小的任务，并用卡片表示每个任务，将其放置在看板的相应列中（如"待办"、"进行中"、"已完成"）。
3. 每个任务卡片上包含必要信息，如任务描述、负责人、截止日期等。
4. 定期（如每日站会）更新看板，确保任务状态与实际工作同步。

预期效果：

- **提高任务透明度**：团队成员可以一目了然地看到项目的整体进度和各自的任务状态。
- **促进自我管理**：通过看板，团队成员可以自主选择任务，提高工作效率。
- **减少沟通成本**：减少因任务状态不明确导致的沟通问题。

图 3-7 综合使用提示词四大要素的第二步生成结果（节选）

由于 AI 助手最终给出的内容较为详细，为了方便分析解读，这里将重点内容摘录如下：

好的，以下是三个具有实际操作意义的方法，以及它们预期达到的效果：

方法一：实施任务看板（Task Board）

操作方法：在团队工作区域设置一个可见的任务看板，可以是物理的（如白板）或数字的（如 Trello 或 Jira 的看板视图）。将项目分解为小的任务，并用卡片表示每个任务，将其放置在看板的相应列中（如"待办""进行中""已完成"）。（省略）……

预期效果：提高任务透明度，团队成员可以看到项目的整体进度和各自的任务状态。（省略）……

方法二：建立跨职能工作小组

操作方法：根据项目需求，组建由不同职能成员（如开发、设计、数据分析）组成的工作小组。（省略）……

预期效果：加快决策速度：小组内部可以快速做出决策，减少跨部门沟通的延迟。

（省略）……

方法三：推行"回顾会议"制度化

（省略）……

这三个方法都是基于您公司**已经实施的一些措施之上，能够进一步深化团队协作和提高工作效率。**

在完整的"问题+背景信息+示例+要求"交互下，读者可以在两到三轮的提示词内就获得较好的 AI 助手回复效果。在这个示例中，第二次的回答内容已经很好地修正了之前回答"内容空洞"的问题，不仅给出了行之有效的具体建议，同时也没有脱离公司的实际情况，根据第二次的提示词中所给的已经实施的措施，生成了"加强版"的可行策略来达到提升团队协作效率的目标。

这里要强调的是，很多时候 AI 助手如果未能生成令人满意的回复，可以查看自己输入的提示词历史，看是否缺少"问题""背景信息""示例""要求"这几个核心要素。在进行有针对性的多轮提示词补充后，AI 助手的回答内容将越来越贴近使用者期望的任务目标，这也是本章使用大量篇幅梳理提示词使用技巧的原因。

3.1.2 "好"提示词与"差"提示词的效果对比

在上一小节了解了提示词的重要意义和组成提示词的关键要素之后，读者在真正使用提示词进行 AI 助手交互的过程中，依然难免感到困惑："为什么别人使用 AI 助手生成的效果好，自己上手之后获得的回答就不尽如人意？"不可否认，提示词的使用技巧虽然简单，但也需要一定的使用经验和熟练度，单纯靠堆砌各种要素的组合往往达不到期望的效果。因此在这一小节中，会说明什么是"好"提示词和"差"提示词，并进行 AI 生成的效果对比。下面的表 3-1 中列出了不同质量的提示词示例（参考 OpenAI 官网文章《Prompt Engineering》，细节有修改）。

表 3-1　"差"提示词与"好"提示词的示例

提示词结构	"差"提示词	"好"提示词
问题+要求	如何在 Excel 中添加统计	如何在 Excel 中将一行人民币金额相加？我想自动对整张表的每一行执行此操作，所有总计最终显示在右侧名为"总计"的列中
问题+背景信息	谁是总统	2021 年墨西哥总统是谁？选举频率是多少年一次
要求	编写代码计算斐波那契数列	编写一个 Java 函数来高效计算斐波那契数列。对代码进行注释，解释每个部分的作用以及为什么这样编写
要求+示例	总结会议记录	用一段话总结会议记录。然后写下演讲者及其要点的简要列表。最后列出演讲者建议的后续步骤或行动计划

在上一章中，其实已经提到了提示词优化的问题，并且为了初学者可以更轻松地上手各类 AI 工具，前文还介绍了各大 AI 助手平台的"一键优化提示词"和"快捷功能区"。其实，"一键优化"功能就相当于把表 3-1 中的"差"提示词自动改写为更详细、具备更多要素的"好"提示词，"快捷功能"大部分是 AI 助手的产品提前编写好一些泛用性较好的提示词，可以让使用者直接选择使用以避免出现初学者面对输入框时不知如何编写提示词的难题。

但毕竟再好的优化和快捷功能也无法应对所有的办公场景和日常工作，一个初学者常见的错误是输入的提示词有时过少，甚至靠互联网搜索的习惯只输入几个关键词。对于基于大语言模型的 AI 助手，这样输入具有误导性的提示词反而会导致更差的回答结果。下面是一个典型的反面例子，使用者是一名行业分析师，希望让 AI 助手帮助做前沿市场的分析报告，于是便输入了如下提示词：

请帮我做一份人工智能行业的前沿市场分析报告

可想而知，AI 助手生成的内容必然是相对通用的内容，字数很多却言之无物，没有实际的参考价值，如图 3-8 所示。

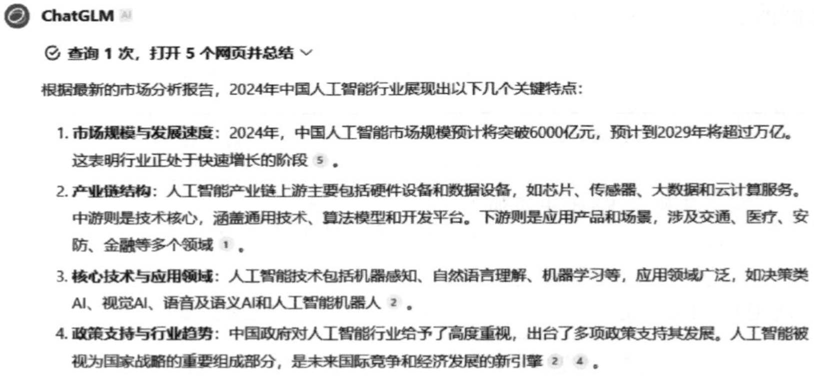

图 3-8　当提示词质量较差时生成的内容也缺乏实际价值

结合上一小节介绍的提示词的基本构成，我们可以按照各个要素进行补充，经过完善的、相对较好的提示词如下，读者也可以尝试自己进行修改和实践。

完善后的较好的提示词：
你是一位具有深度洞察力的行业研究分析师，专精于前沿技术行业的市场研究。请为我围绕人工智能大模型行业的前沿市场的挑战和机遇，提出有前瞻性和思辨性的解答，希望有逻辑、有案例、有数据的分点论述，检索互联网上公开的实际的案例，最后形成一份人工智能行业的前沿市场分析报告。

1. 通用大模型和行业大模型，哪个更容易在商业上获得成功？
2. 大模型应用有竞争壁垒吗？体现在哪些方面？
3. 有哪些创业机会值得关注？

将上述提示词输入 AI 助手，可以获得有针对性的答案，例如从通用大模型和行业大模型两个专业赛道分析了商业成功的可能性，如图 3-9 所示。

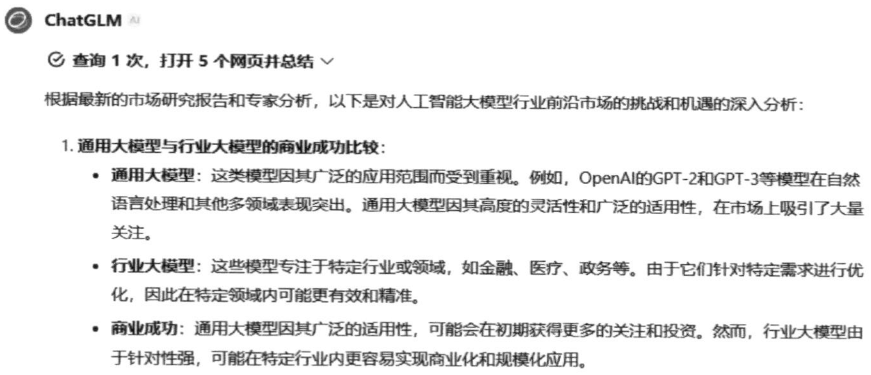

ChatGLM

查询 1 次，打开 5 个网页并总结

根据最新的市场研究报告和专家分析，以下是对人工智能大模型行业前沿市场的挑战和机遇的深入分析：

1. 通用大模型与行业大模型的商业成功比较：

- **通用大模型**：这类模型因其广泛的应用范围而受到重视。例如，OpenAI的GPT-2和GPT-3等模型在自然语言处理和其他多领域表现突出。通用大模型因其高度的灵活性和广泛的适用性，在市场上吸引了大量关注。
- **行业大模型**：这些模型专注于特定行业或领域，如金融、医疗、政务等。由于它们针对特定需求进行优化，因此在特定领域内可能更有效和精准。
- **商业成功**：通用大模型因其广泛的适用性，可能会在初期获得更多的关注和投资。然而，行业大模型由于针对性强，可能在特定行业内更容易实现商业化和规模化应用。

图 3-9　较好的提示词可以生成更高质量的内容（节选）

在此基础上，读者可以继续要求 AI 助手直接生成可下载的 Word、PDF、PPT 等格式的文档方便后续编辑和加工。当然，这一功能不同的 AI 助手有不一样的使用方法，这里以智谱清言的 ChatGLM 为例，输入如下提示词生成 Word 和 PPT 两种格式的研究报告。

在原有对话中继续输入提示词：
根据这些分析和案例，生成一份 2000 字左右的报告，要求是 Word 格式。
同样的报告，请再做成 PPT 格式的。

智谱清言的 ChatGLM 将使用上述前沿技术行业分析的结果，生成一份完整的《人工智能大模型行业前沿市场分析报告》，并提供了 Word 和 PPT 格式的源文件下载链接，如图 3-10 所示。

图 3-10　高质量提示词可用于直接生成 Word 和 PPT 报告文件

在这个示例中，可以直观感受到优质的提示词能够省去很多后续调整和补充信息的过程，甚至可以一步到位将生成的内容输出为完整报告并提供下载，为职场人士的日常办公带来非常大的效率提升。

3.2　提示词进阶技巧

初步了解并实践过一些提示词后，读者已经逐渐掌握了与 AI 助手沟通的这把"金钥匙"，但前述内容介绍的仅仅是"合格"提示词的基本构成，要想充分发挥 AI 助手在各方面的强大能力，本节为读者介绍提示词进阶技巧，以快速写出优秀的提示词。

3. 2. 1　快速写出优秀的提示词

在上一节的最后，细心的读者可能已经注意到，提示词中的开头略有不同："你是一位具有深度洞察力的行业研究分析师"。这里其实使用了一个"角色模板"的技巧，下面将详细解释如何巧妙地让 AI 助手进行"角色扮演"以更好地生成回复。

1. 让 AI 助手扮演专业角色

提示词模板：

你要扮演的角色是【金融行业资深顾问】，善于【高效管理客户关系，乐于回答其他人关于金融客户管理的问题，对于无关问题会委婉拒绝】。

你思考问题的习惯是【分析对方提出的问题的背景，并且必须联网查询检索相关的案例】，回答问题的方式是【给出具有实际操作可行性的行动方案，语言简洁不做解释，在最后启发式地提出下一个问题引导对方主动思考】。

下面是我的问题【我是一名金融白领，但在工作中遇到以下困难：客户信息杂乱无章，跟进客户进度不及时，导致潜在业务机会流失。请问如何解决这些难题？】

在上述提示词中，采用了角色模板的方式填充了方括号"【】"中间的自定义内容，分别设定了需要 AI 助手扮演的角色以及这个角色擅长解答的问题，同时为了保证逻辑合理和生成内容的时效性，这里设定了这个角色的思维模式是"先分析、再检索"的模式保证其回答内容的可靠程度。除此之外，因为不希望 AI 助手给出冗长无用的内容，所以还设定了这个角色的回答偏好为"可实操、语言简洁、一句话概括"。这样就基本打造了一个专业干练的"金融顾问"的 AI 角色，它在实际使用中的表现如图 3-11 所示。

AI 助手扮演的"金融顾问"按照上文设定的角色、专业特长、思考方式、回答偏好对用户提出的问题给出了符合要求的答案——检索了 4 个相关网页作为辅助分析材料，同时列出了实际的管理工具并加以简要的解释，在回答的结尾提出了开放性的问题引导提问者思考下一步的行动计划。

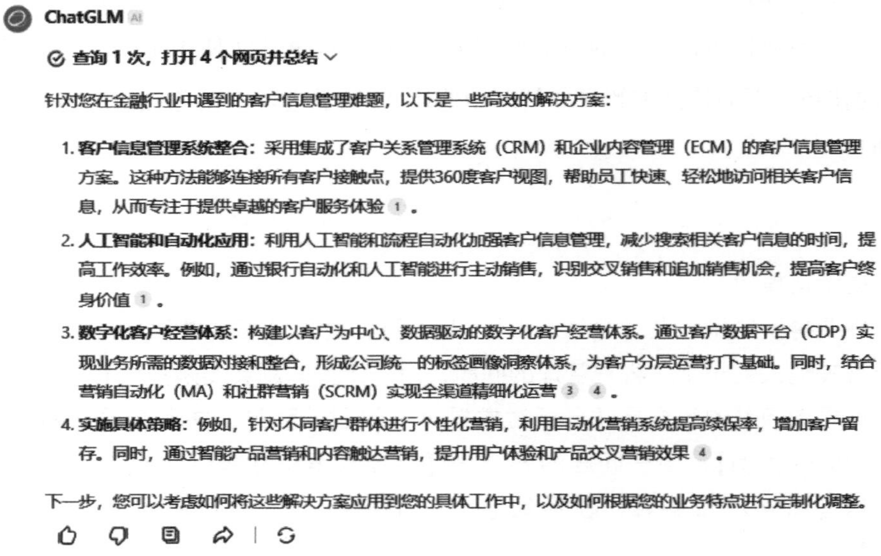

ChatGLM AI

✅ 查询 1 次，打开 4 个网页并总结 ∨

针对您在金融行业中遇到的客户信息管理难题，以下是一些高效的解决方案：

1. **客户信息管理系统整合**：采用集成了客户关系管理系统（CRM）和企业内容管理（ECM）的客户信息管理方案。这种方法能够连接所有客户接触点，提供360度客户视图，帮助员工快速、轻松地访问相关客户信息，从而专注于提供卓越的客户服务体验 ① 。

2. **人工智能和自动化应用**：利用人工智能和流程自动化加强客户信息管理，减少搜索相关客户信息的时间，提高工作效率。例如，通过银行自动化和人工智能进行主动销售，识别交叉销售和追加销售机会，提高客户终身价值 ① 。

3. **数字化客户经营体系**：构建以客户为中心、数据驱动的数字化客户经营体系。通过客户数据平台（CDP）实现业务所需的数据对接和整合，形成公司统一的标签画像洞察体系，为客户分层运营打下基础。同时，结合营销自动化（MA）和社群营销（SCRM）实现全渠道精细化运营 ③ ④ 。

4. **实施具体策略**：例如，针对不同客户群体进行个性化营销，利用自动化营销系统提高续保率，增加客户留存。同时，通过智能产品营销和内容触达营销，提升用户体验和产品交叉营销效果 ④ 。

下一步，您可以考虑如何将这些解决方案应用到您的具体工作中，以及如何根据您的业务特点进行定制化调整。

🖒 🖓 🗈 ↗ ｜ ↺

图 3-11   AI 助手扮演"金融顾问"生成的回答

值得注意的是，虽然提示词中的问题（位于提示词最后"下面是我的问题"）并没有按照前述小节中的提示词基本构成要素编写，但也能获得相对较好的效果，这其实就是发挥了预先设定的"角色"的作用。由于在设定角色的过程中已经定义了 AI 助手是"资深顾问"并且"善于并乐于回答金融问题"，所以哪怕后续提问缺少很多必要信息，AI 助手所扮演的角色也会自行检索背景知识后给出相对专业的回复。

不仅对当前的提问，实际上在同一个对话窗口内，后续的所有问题 AI 助手都会以当前设定的角色来生成回复，角色只需要在对话开头进行一次设定即可。对于模板中方括号之间的内容，读者可以自行更换尝试不同的 AI 角色和该角色的偏好设定，打造自己的专属"AI 顾问"，而更复杂、更强大的"AI 智能体顾问"将在本书后面的章节中进行更细致的介绍。

2. 分隔提示词的"指令"和"素材"

在提示词的使用中，很多初学者会混淆"指令"和"素材"。虽然本书没有严格定义提示词中的这两种描述，但读者可以把前文提到的提示词要素中的"问题"和"要求"看作是对 AI 助手发出的指令，而"背景信息"和"示例"则属于 AI 助手需要参考的素材。当然，在一些对文案的直接操作中，需要完成润色改写、总结、翻译等任务的文字段落也属于 AI 助手可使用的素材。

而这就带来了一个问题：通常 AI 助手的指令都会比较短，几个词语或一两句话即可说明，但素材一般都会比较长，背景信息、示例、待处理的文字动辄都会长达数百字，如果没有一个合理的提示词格式规约，会导致 AI 助手在处理的时候主次不分，影响最终效果。本节在这里介绍一些常用的分隔符，以便读者可以将提示词中的指令和素材进行清晰地分隔，不仅方便自己编写和输入，也能显著提高 AI 助手对提示词的理解准确度。

目前，在中文 AI 助手产品中，经常使用的分隔符有三重引号（"""）、成对的 XML 标签（<标签开始></标签结束>）、约定俗成的章节标题（摘要、标题、第×章等），理论上这些分隔符都可以帮助划分需要不同处理的文本部分，但这里还是介绍一些符合语境的最佳实践案例，以便让读者更好地发挥分隔符在提示词中的作用。

（1）分隔任务执行的对象

提示词模板：

你的任务是【用一首七言律诗总结】用三重引号分隔的文本。

"""亲爱的职场新人，欢迎你踏入这个充满挑战与机遇的世界。在这里，你将开启人生的新篇章，为实现梦想而努力拼搏。作为一名职场新人，以下忠告或许能帮助你更好地适应职场生活，顺利度过磨合期。职场是一个不断学习、进步的过程。面对新环境、新知识，要保持谦逊好学的心态，主动向同事请教，善于总结经验教训。只有这样，你才能不断提高自己，成为一名优秀的职场人。"""

这首诗要押韵，而且要可以鼓舞新入职员工。

　　这里提示词中的第一句"你的任务……三重引号分隔的文本"是模板中的指令，而放在两个三重引号（"""）之间的则是需要 AI 助手按照任务要求处理的一段文字。为了让分隔符的作用更明显，这段提示词特地把一些要求（例如要"押韵""鼓舞员工"）放在了要处理的文字之后，以检验 AI 助手是否能正确分隔指令和素材。将上述提示词输入到 AI 助手后，生成的结果如下图 3-12 所示。

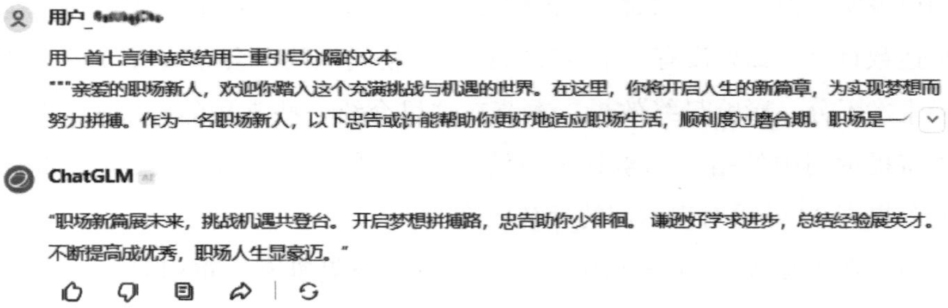

　　用户

　　用一首七言律诗总结用三重引号分隔的文本。

　　"""亲爱的职场新人，欢迎你踏入这个充满挑战与机遇的世界。在这里，你将开启人生的新篇章，为实现梦想而努力拼搏。作为一名职场新人，以下忠告或许能帮助你更好地适应职场生活，顺利度过磨合期。职场是——

　　ChatGLM

　　"职场新篇展未来，挑战机遇共登台。开启梦想拼搏路，忠告助你少徘徊。谦逊好学求进步，总结经验展英才。不断提高成优秀，职场人生显豪迈。"

图 3-12　用七言律诗总结分隔符中的段落

　　从生成结果可以看到，AI 助手正确理解了"七言律诗""押韵""鼓舞员工"的指令，也正确处理了分隔符内的文字，并没有错误地把输入指令也进行总结处理，这一技巧在提示词篇幅较长的文本时尤为重要。

　　（2）分隔背景信息

　　除了用于执行任务的文本之外，在前文提到的提示词构成里，背景信息也是常见的要素之一。尤其是在遇到长文章处理分析的时候，使用分隔符是一种很有效的技巧，只需要在提示词中明确约定要作为分隔符使用的"标签"即可。下面的示例为对比两篇关于"人工智能在未来的发展会导致劳动力市场大规模失业"的文章，使用者希望让 AI 助手自动对比和提取两篇文章的观点并加以分析。需要将文章内容放入提示词中，并且使用"article"的标签把两篇文章进行分隔处理，具体的提示词示例如下。

提示词示例：

你将获得关于同一主题的两篇文章【以 XML 标签 article 分隔】。首先总结每篇文章的论点，然后指出其中哪篇文章的论点更好并解释原因。

<article>随着人工智能技术的飞速发展，其在各行各业的广泛应用将不可避免地导致劳动力市场的大规模失业。人工智能能够替代人类进行重复性、低技能的工作，这使得许多传统岗位面临被淘汰的风险。（省略）……**</article>**

<article>人工智能将作为一种工具，极大地提高生产效率，创造新的就业机会，并推动劳动力市场的转型升级。历史上，每一次技术革命都伴随着对新职业的需求增加，人工智能也不例外。（省略）……**</article>**

提示词示例中约定的分隔符是成对出现的 XML 标签"<article></article>"，使用这种格式是因为当前的 AI 助手对于标准的 XML 格式标签已经有非常准确的理解，因此能最大程度上避免错误的识别，当然，这里的"article"可以更换为任意词汇。分别理解了这两篇文章后，AI 助手会按照要求总结论点并进行点评，如图 3-13 所示。

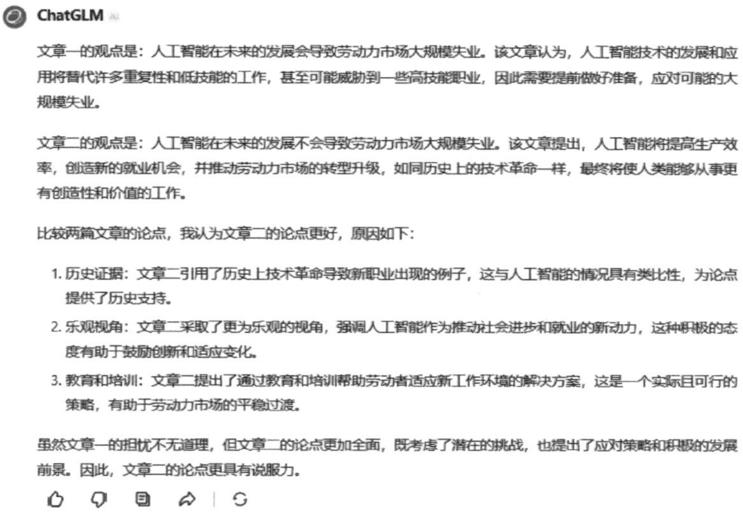

ChatGLM

文章一的观点是：人工智能在未来的发展会导致劳动力市场大规模失业。该文章认为，人工智能技术的发展和应用将替代许多重复性和低技能的工作，甚至可能威胁到一些高技能职业，因此需要提前做好准备，应对可能的大规模失业。

文章二的观点是：人工智能在未来的发展不会导致劳动力市场大规模失业。该文章提出，人工智能将提高生产效率，创造新的就业机会，并推动劳动力市场的转型升级，如同历史上的技术革命一样，最终将使人类能够从事更有创造性和价值的工作。

比较两篇文章的论点，我认为文章二的论点更好，原因如下：

1. 历史证据：文章二引用了历史上技术革命导致新职业出现的例子，这与人工智能的情况具有类比性，为论点提供了历史支持。

2. 乐观视角：文章二采取了更为乐观的视角，强调人工智能作为推动社会进步和就业的新动力，这种积极的态度有助于鼓励创新和适应变化。

3. 教育和培训：文章二提出了通过教育和培训帮助劳动者适应新工作环境的解决方案，这是一个实际且可行的策略，有助于劳动力市场的平稳过渡。

虽然文章一的担忧不无道理，但文章二的论点更加全面，既考虑了潜在的挑战，也提出了应对策略和积极的发展前景。因此，文章二的论点更具有说服力。

图 3-13　正确识别和分析 XML 标签中的两篇文章

需要说明的是，本节为了介绍分隔符的作用，直接在提示词中放入了文章内容。其实对于长文本的处理，更多的情况是将文档直接上传给 AI 助手，后文将有单独章节介绍这种方法。

（3）分隔已完成的"半成品"

在日常办公的场景中，有时在处理一项任务的中间状态时，需要一些专家的建议进行思路的启发或是修改建议。这时候如果使用 AI 助手作为专家顾问，除了按照提示词的要素清晰表述自己的要求之外，还需要将目前的"半成品"状态告诉 AI 助手，以便从当前状态继续推进工作任务。这里做到一半的工作也需要用分隔符进行划分以区别于提示词本身的指令内容。本节选择的示例是为一篇文章选择合适的标题，虽然已经有一些备选题目，但还是希望 AI 助手能给出一些专业的建议。

提示词示例：

你将收到一份文章摘要和建议的标题。文章标题应该让读者对文章的主题有一个很好的了解，但也应该引人注目。如果标题不符合这些标准，请建议 3 个替代方案。

摘要：本文综合分析了大模型在人工智能领域的最新发展动态。文章指出，大模型已取得重大突破，尤其在语言理解和图像识别等方面表现出色。同时文章探讨了当前大模型面临的挑战，包括高昂的训练成本、庞大的数据需求以及潜在的技术瓶颈。（省略）……

标题：大模型发展现状与挑战、未来人工智能的机遇与方向（省略）……

这条提示词中选取的分隔符与前述两个场景不同，并没有采用特殊符号或者标签语法，而是使用了常规语境下的"摘要""标题"的方法。因为 AI 助手可以正确理解在文章中常用的"章节"概念，因此无须特定符号就可以将题目、摘要、标题这些文本内容自然分隔开，然后再按照提示词的指令要求进行分别处理。上述提示词生成的效果如图 3-14 所示。

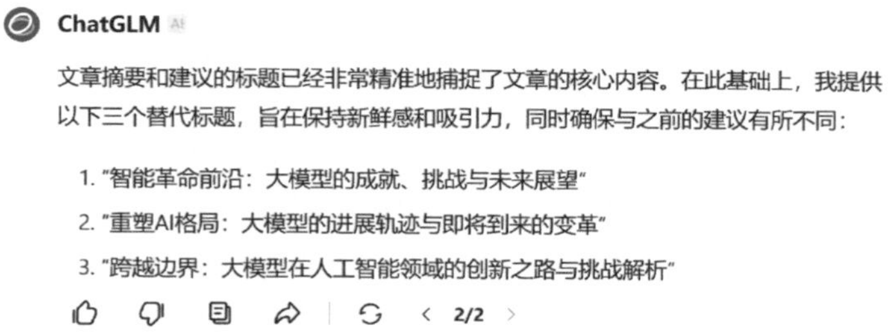

ChatGLM AI

文章摘要和建议的标题已经非常精准地捕捉了文章的核心内容。在此基础上，我提供
以下三个替代标题，旨在保持新鲜感和吸引力，同时确保与之前的建议有所不同：

    1. "智能革命前沿：大模型的成就、挑战与未来展望"

    2. "重塑AI格局：大模型的进展轨迹与即将到来的变革"

    3. "跨越边界：大模型在人工智能领域的创新之路与挑战解析"

👍 👎 📋 ↗ | ↻ ‹ 2/2 ›

图 3-14 AI 助手理解分隔的摘要和标题后做出推荐

3. 设定 AI 回答的格式

在上一节生成前沿技术行业分析报告的示例中，已经初步演示了如何让 AI
助手提供不同输出格式的回答，如纯文字、Word 文档、PPT 幻灯片等。在提示
词中约定好输出的要求也是一个重要的技巧。本节介绍如何使用提示词控制文
字回答的输出格式，对于输出 Word、Excel、PPT 等格式以及思维导图、流程
图、文档配图等，在后文对应章节会分别介绍。

使用提示词对文字回答的格式设定主要包括限定段落数量、文本内容的拆
分、从文字整理成表格、列出层级大纲等形式。常用的提示词设定格式的示例
和相对应的 AI 助手的回答格式在表 3-2 中列出。本质上用提示词设定格式是对
于提示词要素中"要求"这个部分的扩展，在讲述提示词基本构成的小节中，
给读者介绍的例子更偏向"完成什么任务"，这里扩展了对格式的设定后，读者
可以明确约束 AI 助手"交付任务的形式"。

表 3-2 提示词设定 AI 助手回答格式

设　　定	提示词示例	设定后的回答格式
段落数量	概括三重引号中的文本【写成 2 个段落】 """需要总结的文本内容"""	本文概述了……（第一段内容） 文章认为……（第二段内容）
内容拆分	将两篇文章的观点进行梳理，并【逐条对比分析异同点】 <article>文章一的内容</article> <article>文章二的内容</article>	两篇文章观点梳理后如下 相同点 1：…… 相同点 2：…… 争议观点 1：…… 争议观点 2：……

（续）

设 定	提示词示例	设定后的回答格式
整理表格	检索各个自媒体平台的每日活跃数据，用【表格的形式】整理	生成一个表头包含"平台名称""月活跃用户数""同比增长率"等数据维度的表格（各 AI 助手表现略有差异，以实际生成内容为准）
层级大纲	生成一份技术人员培训的手册，包含【三级标题，并描述每个标题下应填写的内容】	一、培训计划概览 1.1 培训目标 1.2 培训内容 二、培训课程详细内容 2.1 技术基础知识 （省略）……

值得注意的是，有时办公场景会要求 AI 助手生成具有限定字数的输出，比如使用"500 字以内""不少于 200 字""每段 80 字"等描述。但目前的 AI 助手还不能精确地控制生成回答的字数，因此还是推荐读者在实际场景中根据句子、段落、要点等数量来指定，或通过"总结""扩写""缩写"等提示词指令进行二次控制。

3.2.2 优秀提示词的必备组成

通过上文介绍的提示词基础和进阶技巧，读者应该已经理解了提示词对于 AI 助手回答效果的重要意义，并且能够根据实际工作需求编写特定的提示词。本节将对涉及的提示词各个组成部分进行汇总，方便读者对提示词工程（Prompt Engineering）有一个规范的体系化的理解。作为优秀提示词的必备组成，其必选项、可选项和进阶项如图 3-15 所示。

在一条优秀的提示词组成中，必选项"问题"偏向于获取答案，而"要求"偏向于让 AI 助手执行任务，这两个提示词的指令要素至少要有一项，才能保证 AI 助手给出合理的反馈；作为可选项的"背景信息"主要用来引导 AI 助手的回

答能更贴合使用者自身的具体场景，"示例"则是在需求不清或希望启发式获取
答案时用到的要素，这两个可选项通常配合必选项进行组合使用；进阶选项中
"扮演专业角色"和"使用分隔符"主要控制 AI 助手的输入，也就是在提示词
指令前，提前给 AI 助手进行某些预设定，其目的是让 AI 助手更精准地理解使用
者的指令，另一个进阶选项"设定回答格式"则是控制 AI 助手的输出，让内容
生成或任务执行的最终结果更符合预期。

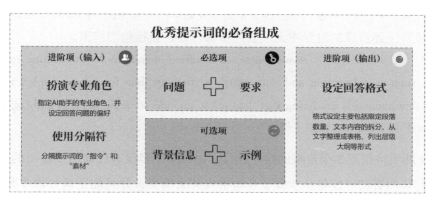

图 3-15　优秀提示词要素的必选项、可选项和进阶选项

　　掌握了以上提示词的基本构成和优秀提示词进阶编写方法之后，读者已经
可以尝试用 AI 助手处理大部分智能办公的应用场景。在下一小节中，将介绍几
个额外的小技巧，如果用在合适的情景中，也可以显著提高 AI 助手的回答效果。

3. 2. 3　几个小技巧大幅提高提示词效果

　　除了正常的提示词几大要素之外，一些实用的技巧也能显著改善 AI 助手的
回答质量，这类技巧通常不会频繁使用，但对于一些特定的场景会起到非常好
的改善作用。

1. 步骤拆分

　　当面对一项具有固定流程的工作，通过一系列步骤的形式来描述提示词，
往往可以起到事半功倍的效果。因为在和 AI 助手交互的过程中，明确执行步骤

可以让模型更容易遵循指令，下面是一个应用在英语文献阅读中的步骤拆分示例。

> 提示词分步骤模板：
>
> 使用以下分步说明来响应我的要求。
>
> 步骤 1 -【理解我向你提供的三重引号中的英文。】
>
> 步骤 2 -【用英文进行一句话总结，前缀为"Abstract："。】
>
> 步骤 3 -【另起一段，将步骤 2 中的摘要翻译成简体中文，前缀为"翻译："。】
>
> 执行上述步骤的过程中无须复述步骤内容，直接输出结果。
>
> """AI large models revolutionize smart office operations by automating routine tasks, such as scheduling and data entry, to free up time for more complex work, while simultaneously analyzing vast datasets to provide strategic insights and facilitate informed decision-making.（省略……）"""

AI 助手将按照 3 个步骤的顺序执行，由于第一步没有任何需要输出的文字，所以当 AI 回答的时候将从步骤 2 开始生成英文摘要，并且能正确处理步骤 3 中引用的上一步的英文摘要，从而生成对应的翻译，如图 3-16 所示。

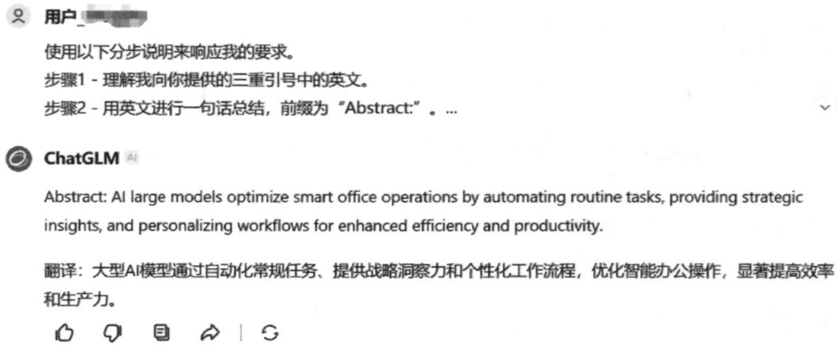

> 用户_▨▨▨
>
> 使用以下分步说明来响应我的要求。
> 步骤1 - 理解我向你提供的三重引号中的英文。
> 步骤2 - 用英文进行一句话总结，前缀为"Abstract:"。 …
>
> ChatGLM
>
> Abstract: AI large models optimize smart office operations by automating routine tasks, providing strategic insights, and personalizing workflows for enhanced efficiency and productivity.
>
> 翻译：大型AI模型通过自动化常规任务、提供战略洞察力和个性化工作流程，优化智能办公操作，显著提高效率和生产力。

图 3-16   AI 助手按步骤执行总结和翻译任务

当读者无法准确描述步骤时，也可以让 AI 助手协助生成步骤，例如使用下面的提示词：

> 请分三个步骤描述如何总结一篇英语文章的中英文双语摘要。

当 AI 助手回复具体每一步的内容后，可以再分步骤填入刚才的提示词分步骤模板中，读者可以自行尝试或更换其他的分步骤任务。

2. 强制推理

对于需要研究或深入分析思考才能得出结论的问题，强制让 AI 助手在"推理"中遵循一系列思考过程来保持事实性和正确性，也是一个巧妙的提示词方法。比如想让 AI 助手预测全球的新能源汽车市场趋势，可以使用下面的提示词。

> 提示词强制推理模板：
> 【全球新能源汽车市场明年的发展趋势如何？】
> 使用此格式：
> 问题：<重复问题>
> 答案：让我们逐步思考。<给出推理> 因此，答案是<最终答案>。

除了方括号中的问题可以随意更改外，这条提示词中的其他内容无须调整，AI 助手将通过一步一步的推理过程，进行未来市场的趋势预测，如图 3-17 所示。

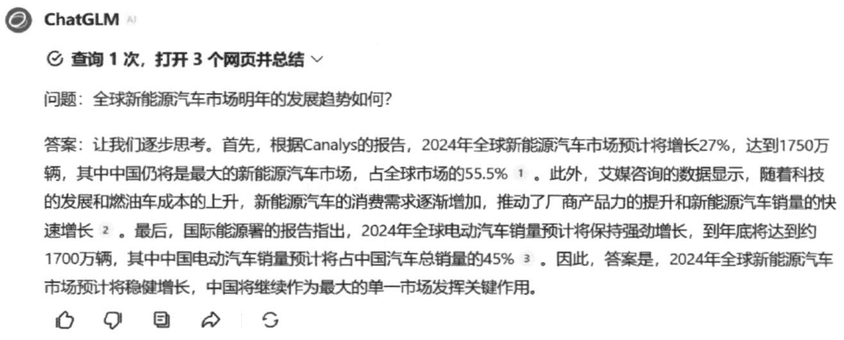

图 3-17　强制 AI 助手进行推理后得出答案

在生成的回答中，AI 助手按要求进行了逐步思考，首先重复了问题，之后通过"市场增长率""燃油车成本上升""国际能源署预测"一步步推导出了全球和中国新能源车的发展趋势预测，并按照设定的回答格式"答案是……"生成了最终的回答。

3. 精准数学计算

在上面的强制推理的例子中，读者可能会发现，这一类"推理"也比较适合处理一些自然科学的问题。不过目前基于大语言模型的 AI 助手尚无法作为专业的理工科工具（除非经过特定的训练并接入专业领域知识库）。因此，如果面对工作中需要准确地处理数学相关问题的时候，可以使用提示词"Python"来触发 AI 助手的数值计算功能，如图 3-18 所示。

图 3-18　使用"Python"回答数学问题

当然这里并非要求读者专门去学习 Python 编程语言，而是直接在提示词中加入"使用 Python 计算"的要求即可，关于生成的代码，有编程基础的读者可以研究，非计算机专业的读者则可以直接忽略，不影响使用效果。

【描述需要解决的数学计算问题】用 Python 计算给出结果，不需要计算过程和解释。

读者只需要简单把方括号中的问题换成实际问题即可。这里介绍一下这条提示词的原理，因为这是本书中正式遇到的第一个 AI 助手的外部"插件"。由于语言模型不能依靠自身准确地执行算术或长时间计算，所以在涉及计算的情况下，AI 助手会指示模型调用编写和运行代码的"插件"（本例中是 Python），而不是自己进行计算。Python 插件自动编程并计算出结果后，AI 助手可以将这个结果作为回答问题的参考，然后用容易理解的自然语言重新回答使用者的问题。本书中提到的"联网检索""表格生成""思维导图""流程图绘制"等功能大多也是使用相似的"插件"完成特定任务。

4. 真实性要求

本节提到的几个小技巧中"强制推理"和"精准计算"其实都是为了防止 AI 助手生成的回答脱离客观事实。但"一本正经的胡说八道"是从 AI 助手诞生之初就很难规避的一个严重问题，对于常见的办公场景，显式地提出"真实性"要求是一个行之有效的办法。参照下面的提示词模板，当针对某一份文档进行问答时，可以限定 AI 助手的引用知识仅局限于给定的文档，而不会编造其他内容。

> 要求真实性的提示词：
> 你将获得一份由三重引号分隔的文档和一个问题。你的任务是仅使用所提供的文档回答问题，并引用用于回答问题的文档段落。如果文档不包含回答此问题所需的信息，则只需写："信息不足"。如果提供了问题的答案，则必须用引文注释。使用以下格式引用相关段落（引用：……）。
> """提供的文档内容"""
> 问题：【在这里输入与文档相关的问题】

当无法提供文档时，可以使用 AI 助手本身的联网检索能力尽量保证真实性。当然这种方式并不一定可靠，因为互联网信息的来源无法验证。如下所示。

> 要求联网检索的提示词模板：
> 在回答每一个问题前都需要联网检索相关网站作为参考，并列出参考的网站地址。
> 问题：【在这里输入问题】

此时有两种替代方式来提高 AI 助手回答的真实性，一种是指定某个权威网站让 AI 助手仅引用这个特定网站的内容，另一种是用检索增强（RAG）的方法建立知识库，由于这两类方式与提示词本身无直接关联，因此不在本章扩展讨论。

3.3　提示词综合应用

在前两个小节中，通过提示词基本理论的讲解以及少部分简单案例的实际操作，读者已经充分了解了这把 AI 助手的"金钥匙"，接下来会介绍一些提示词的综合应用。所谓综合应用，就是将前文提到的提示词基本构成、优秀提示词要素、特殊场景下的小技巧进行结合使用，解决一些复杂情景下的问题，展现 AI 助手的可扩展性。

3.3.1　循序渐进，思维链引导提示词

虽然为了面向大语言模型零基础的读者，本书尽量避免使用过多技术上的术语，但若需要让 AI 助手处理较为复杂的应用场景，就不得不提到思维链（Chain of Thought，CoT）的概念。

思维链的概念是 2022 年 1 月由 OpenAI 科学家 Jason Wei 等人提出的，核心在于给提示词中的输入加几段"思维步骤"的文字。简单的解释就是通过将一个较为复杂的问题，按人类思维的过程分步拆解思考过程，逐步获得最终答案。这和上一小节提到的"强制推理"有些类似，但不同的是，强制推理只是单纯地在提示词中要求 AI 助手"逐步思考"，而"思维链"则是明确地将"思考的模式和过程"加入提示词中。

在之前介绍的各种提示词技巧的过程中，细心的读者可能已经发现，在回答特定问题之前，AI 助手能否对问题进行详细逻辑思考有时很重要。然而有些时候，AI 助手得出最终答案所使用的思考过程不适合与使用者共享。例如在一

个典型的教学场景中，助教（AI 助手扮演）可能希望鼓励学生自己找出答案，但如果对学生揭示全部的解题思路则可能无法起到启发式教学的效果。

"内心独白"是一种可以用来缓解这种情况的策略，也是经常配合思维链提示词使用的一种技巧。"内心独白"提示词的理念是指示 AI 助手在进行多轮问答引导的过程中，将中间步骤的推理思考需要对用户隐藏的部分放入特殊结构化格式中，以便在回答中隐藏它们。AI 助手在向用户呈现输出之前，会对这种特殊结构进行解析，并且只显示答案的一部分，如图 3-19 所示。

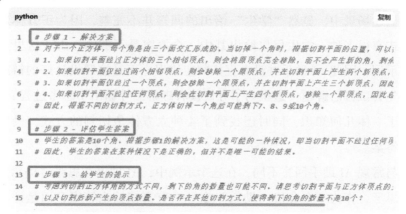

图 3-19　AI 扮演助教逐步引导学生思考答案（一）

教学场景中 AI 助教的思维链提示词模板：

按照以下步骤回答用户的疑问。

思考步骤 1 - 首先自己想出问题的解决方案，详细思考，尽可能考虑全面。不要依赖学生的答案，因为它可能是错误的。将这一步所有工作内容用三重引号（"""）括起来。

思考步骤 2 - 将你的解决方案与学生的答案进行比较，并评估学生的答案是否正确。将这一步所有工作内容用三重引号（"""）括起来。

思考步骤 3 - 如果学生回答错误，请思考决策你可以给学生什么提示而不泄露答案。将这一步所有工作内容用三重引号（"""）括起来。

思考步骤 4 - 如果学生回答错误，将上一步的提示提供给学生（在三重引号之外）。不要写"步骤 4 -……"，而要写"提示："。

问题陈述：【对于一个正方体，有 8 个角。如果切掉一个角，还剩几个角？】

学生的答案：【10 个】

在上述场景中，显然"学生"给出的回答并不完整，因为正方体进行角切割的方式有很多种，学生仅仅给出其中一个答案是不够的。由于这里加入了思维链提示词，因此 AI 助手并没有直接判定错误，而是按照设计好的链式思维模式，首先尝试自己解题（这里为了方便读者理解额外输出了思考过程），不仅正确理解了立体几何知识，同时还找到了 4 种立方体角切割的方式，最后找到了完整的答案。

而与常规 AI 助手回答不同，在这个示例中，AI 助手在思维链提示词的引导下继续思考，作为一个合格"助教"它并没有直接输出答案，而是评估了学生的答案后，对学生进行了逐步的解题思路引导，AI 助手给出的提示如下。

提示：请考虑切割正方体角的不同方式，以及切割平面与正方体顶点的关系。

是否存在其他切割方式，使得剩下的角的数量不是 10 个？

例如，如果切割平面仅经过一个顶点，或者经过两个顶点，会发生什么？

从提示中可以看出，AI 助手发现学生的答案并非错误，而是考虑不全，因此提示的方向也偏向引导学生思考更多的正方体"切割方式"。此时学生可以继续进行作答，提示词如下。

学生继续回答的提示词：

学生的答案：明白了，如果切面经过一个或两个顶点，那正方体还剩 9 个或 8 个角，所以正确答案是 8 个、9 个、10 个对吗？

再次输入学生的答案后，AI 助手会继续分析，并最后给出正确的答案和完整的解析过程，如图 3-20 所示，这样就完成了一次完整的教学互动过程。

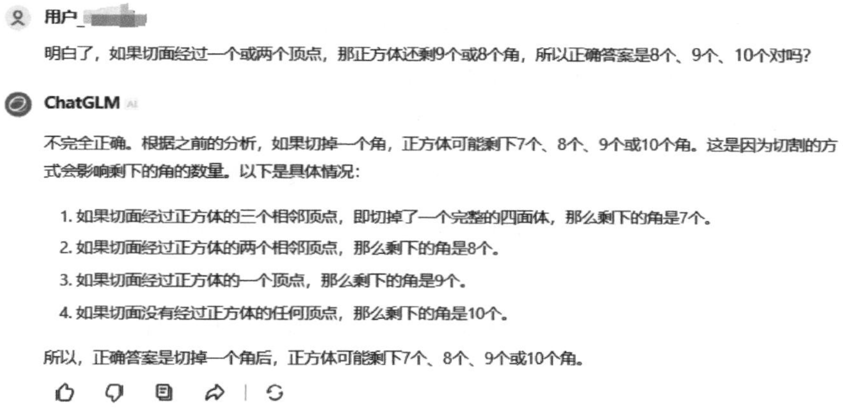

👤 **用户**▪▪▪▪

明白了，如果切面经过一个或两个顶点，那正方体还剩9个或8个角，所以正确答案是8个、9个、10个对吗？

⬡ **ChatGLM** AI

不完全正确。根据之前的分析，如果切掉一个角，正方体可能剩下7个、8个、9个或10个角。这是因为切割的方式会影响剩下的角的数量。以下是具体情况：

1. 如果切面经过正方体的三个相邻顶点，即切掉了一个完整的四面体，那么剩下的角是7个。
2. 如果切面经过正方体的两个相邻顶点，那么剩下的角是8个。
3. 如果切面经过正方体的一个顶点，那么剩下的角是9个。
4. 如果切面没有经过正方体的任何顶点，那么剩下的角是10个。

所以，正确答案是切掉一个角后，正方体可能剩下7个、8个、9个或10个角。

👍 👎 🗐 ↗ | ↻

图 3-20　AI 扮演助教逐步引导学生思考答案（二）

回顾上面的示例，AI 助手并没有从互联网检索答案或是生成一些自认为正确的答案，而是运用人工智能模型本身的"思维链"能力在合适的思维链提示词的引导下，完成了"自主解题→评判学生答案→针对学生答案进行提示→纠正答案→答题释疑"的完整的启发式教学。希望读者能从以上思维链提示词的运用中得到启示，灵活运用于其他智能办公场景里解决复杂任务。

3.3.2　任务分解，将复杂问题简单化

在上一小节有关"思维链"提示词的介绍中，已经体现了在复杂场景下，高级提示词工程能发挥出 AI 助手更强大的能力。但即便是思维链提示词也有盲区，即人类思维并非只有一种直线型的模式，而是可能产生思维的分支、反复，

以面对复杂的环境和问题。本节将再为读者介绍另一个高级提示词工程的技巧——"思维树"（Tree of Thought，ToT），这是一种树状检索方案，允许 AI 助手尝试多种不同的回答问题的思路，并自我评估、选择下一步行动方案，必要时也可以回溯选择。这里使用一个 OpenAI 官方的客服对话场景的示例进行说明，此类示例非常适合讲解思维树的提示词概念。

在日常办公场景中，技术类客服是一项很常见的工作情景，往往需要大量独立又相互关联的"话术"来处理不同情况的用户问题。在这一场景下，AI 助手如果要模拟真人进行回复，需要先对用户问题的类型进行分类，并使用该分类来确定需要哪些回复。这可以通过在提示词中定义固定类别，处理给定类别中的任务相关的指令来实现。这个过程还可以反复应用，以将问题解答的任务分解为一系列阶段。这种方法的优点是每轮问答将仅包含执行任务下一阶段所需的指令，与使用单个指令执行整个任务相比可以降低 AI 客服的错误率。

例如，对于某网络及硬件设备服务商的客户服务应用程序，用户的常见问题可以按如下方式进行一个"思维树"状的分支设计：

> 自动客服提示词示例：
> 您将获得客户服务查询。将每个查询分类到主功能和子功能中。以 JSON 格式提供您的输出。
> 主功能如下：【账单、技术支持、账户管理、一般查询】
> 每一个主功能下的子功能如下：
> -"账单"子功能：【取消订阅或升级、添加支付方式、费用说明、争议费用】
> -"技术支持"子功能：【故障排除、设备兼容性、软件更新】
> -"账户管理"子功能：【密码重置、更新个人信息、关闭账户、账户安全】
> -"一般查询"子功能：【产品信息、定价、反馈、与人工客服通话】
>
> 客户的问题如下：
> 【如何让我的网络再次运行？】

　　在这个示例中，设计了一个最为简单的两级结构的"思维树"。其中"树根"是一个专门回答用户问题的客服 AI 助手，第一级的"树干"是客服的 4 个主功能："账单""技术支持""账户管理"和"一般查询"，第二级的"树叶"是每个主功能的子功能，比如在主功能"技术支持"下的子功能就是"故障排除""设备兼容性"和"软件更新"，在主功能"账单"下的子功能就是"取消订阅或升级""添加支付方式""费用说明"和"争议费用"。

　　读者无须关心这里使用的特殊格式（JSON，一种开放标准的文件格式和数据交换格式），事实上，不同的输出格式仅仅影响视觉效果而不会影响最终的客服回答内容。除了将客服的主功能和子功能进行归类划分外，AI 助手还给每一个子功能设计了一个用户可能会问的类似"猜你想问"的示例查询问句，方便用户理解每个选项对应的问题类型，如图 3-21 所示。

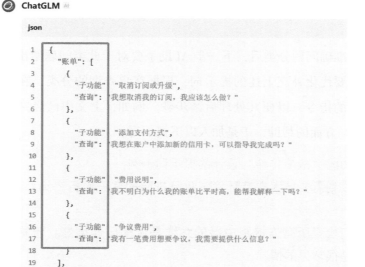

图 3-21　根据思维树生成的主功能"账单"及其子功能

　　设计完客服助手的思维树提示词后，可以进行一个简单的提问，如"如何让我的网络再次运行？"AI 助手会根据设定好的思考分支先找到"技术支持"

主功能，再定位到"故障排除"这个子功能（如图 3-22 所示），最后根据这个分类进行特定的客服话术的回答。

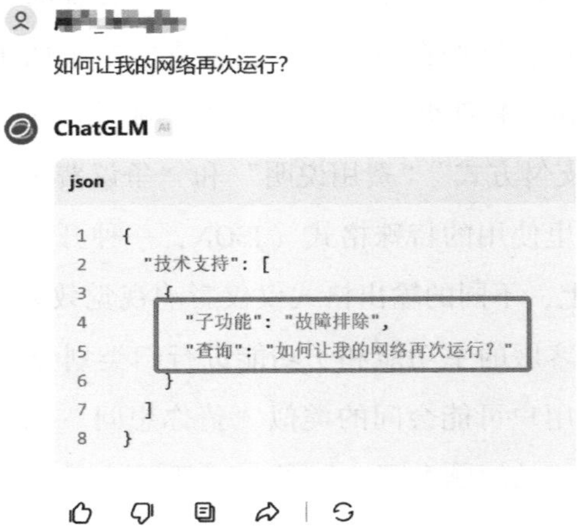

图 3-22 使用思维树提示词的 AI 客服准确定位用户问题

定位到准确问题分类后，下一步 AI 助手要对于此类问题给出解决方案。在这之前，需要优化补充上述的提示词，根据客户查询的分类，在提示词中加入一组更具体的指令，以便其处理后续步骤。例如，上文中已经判断了客户需要"故障排除"方面的帮助，于是加入以下提示词。

为子功能"故障排除"设计的提示词示例：

您将收到需要技术支持环境下故障排除的客户服务咨询。通过以下方式帮助用户：

让他们检查所有连接路由器的线缆是否都已连接好。随着时间的推移，线缆松动是很常见的情况。

如果所有线缆都已连接且问题仍然存在，询问他们使用的是哪款路由器型号。

当用户告诉你具体型号后，指导他们如何重启设备：

- 如果型号是 MTD-327J，指导他们按下红色按钮并持续 5 秒钟，然后等待 5 分钟后测试连接。

- 如果型号是 MTD-327S，指导他们拔掉插头再重新插上，然后等待 5 分钟后测试连接。

- 如果客户在重启设备并等待 5 分钟后问题仍然存在，通过输出"技术支持"将他们连接到技术支持。

如果用户开始提出与本主题无关的问题，确认他们是否想结束当前关于故障排除的聊天，并根据以下方案对他们的请求进行分类：

【将上文中所有的主功能、子功能的提示词填写到这里】

问题如下：

【如何让我的网络再次运行？】

在这段完善后的提示词中，最大的不同是除了客服功能分类，还给出了某一类（这里是"故障排除"）问题的具体解决方案，并且根据 3 种不同情况提供了"按下红色按钮""重新连接插头""连线技术支持"的不同处理方式。在新的思维树提示词引导下，AI 助手扮演的客服回答如图 3-23 所示。

ChatGLM AI

您好，感谢您联系我们进行技术支持。首先，请您检查所有连接到路由器的线缆是否都已正确且牢固地连接。线缆松动可能会导致网络问题。请确保所有线缆都连接好，然后尝试重新启动您的网络设备。

如果线缆都已连接好，但问题仍然存在，请您告诉我您使用的路由器型号是什么？这样我可以进一步指导您如何重启设备。

👍 👎 ▤ ⮕ ⟳

我的路由器型号是MTD-327J

我的路由器型号是MTD-327S

图 3-23　AI 客服会询问用户具体的设备型号

完善后的思维树提示词让 AI 助手首先判断用户的问题属于"故障排除"，同时根据不同的"思考分支"询问具体的设备型号，以便判断下一步给出哪一个合适的解决方案。在这里，AI 助手在答案下方提供的"猜你想问"的示例问句变成了具体的设备型号，用户可以直接点击选择而不必手动输入。当用户回答了具体的设备型号后，AI 助手按照客服的思维树设定挑选对应设备的故障解决方案进行了准确回复，如图 3-24 所示。

用户

我的路由器是MTD-327J

ChatGLM

好的，既然您的路由器是MTD-327J型号，请按照以下步骤来重启您的设备：

1. 找到路由器上的红色按钮。
2. 按下红色按钮并保持5秒钟。
3. 释放按钮后，请等待大约5分钟。
4. 5分钟后，尝试重新测试您的网络连接。

如果重启设备后，网络连接仍然存在问题，请您告诉我，我将为您提供进一步的指导。如果问题得到解决，您可以继续正常使用网络。

图 3-24   AI 客服挑选特定型号的故障排除方法

比思维链提示词更实用的地方是，思维树的提示词可以回溯到上一个问题的阶段（类似撤回问题），重新给出其他的指令。例如在上一步中，如果用户给出了错误的型号并希望进行修改，可以直接在问答中继续对话：

抱歉刚才信息有误，我的路由器是 MTD-327S

AI 助手将按照思维树提示词的设计回到上一个"分支"，使用新的型号来定位合适的解决方案，如图 3-25 所示。

用户

抱歉刚才信息有误，我的路由器是MTD-327S

ChatGLM

没问题，既然您的路由器是MTD-327S型号，请按照以下步骤来重启您的设备：

1. 找到路由器上的电源插头。
2. 小心地将插头从电源插座中拔出。
3. 等待大约30秒后，再将插头重新插入电源插座。
4. 插入插头后，请等待大约5分钟，以便设备完全启动。
5. 5分钟后，尝试重新测试您的网络连接。

如果重启设备后，网络连接仍然存在问题，请您告诉我，我将为您提供进一步的指导。如果问题得到解决，您可以继续正常使用网络。

图 3-25   AI 助手回溯到上一个"分支"重新找答案

除了在当前的"思考分支"中判断当前应该执行的指令，思维树提示词在应对"打断式"的问答也有很好的优势，比如用户突然打断了当前的提问，并转向一个其他分类的问题，AI 助手也可以迅速在各个主功能"树干"之间思考并选择新的对话主题，如图 3-26 所示。

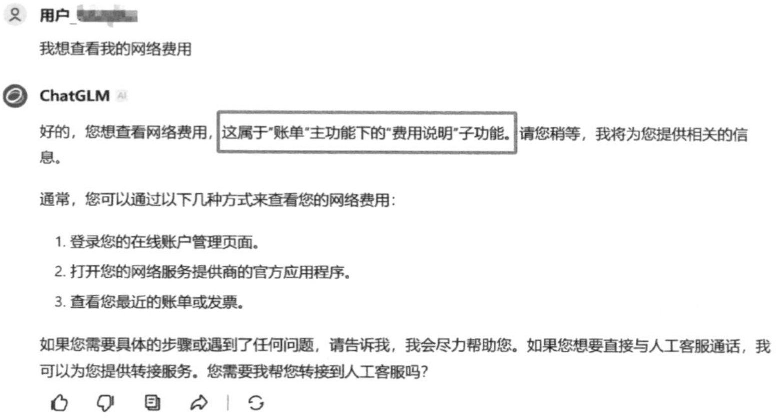

👤 **用户_**

我想查看我的网络费用

🔵 **ChatGLM** AI

好的，您想查看网络费用，│这属于"账单"主功能下的"费用说明"子功能。│请您稍等，我将为您提供相关的信息。

通常，您可以通过以下几种方式来查看您的网络费用：

　1. 登录您的在线账户管理页面。

　2. 打开您的网络服务提供商的官方应用程序。

　3. 查看您最近的账单或发票。

如果您需要具体的步骤或遇到了任何问题，请告诉我，我会尽力帮助您。如果您想要直接与人工客服通话，我可以为您提供转接服务。您需要我帮您转接到人工客服吗？

👍 👎 📄 ↗ │ ↻

图 3-26　面对新的问题分类 AI 助手回溯到主功能

在这个示例中，用户突然从"故障排除"切换到了"费用"相关的问题，通常普通的提示词很难处理这类情景，而思维树提示词可以准确找到对应的主功能分类"账单"并切换进"费用说明"的子功能。其实这背后的原理是提示词给 AI 助手构建了一个"状态机"（非技术读者无须关注），通过跟踪状态、判断该状态下的相关指令以及允许从该状态进行哪些状态转换，思维树为 AI 助手设置了一个"思维护栏"，确保跟用户的对话一直保持在可控的边界范围内，而这通常很难用结构化程度较低的其他提示词方法实现。

第 4 章

应用 AI 助手快速生成各类文案

智能办公场景中的文案类型非常广泛，从行政公文的编制到事务文书的写作，有的场景需要收集数据进行分析并形成报告，运营类的工作还需要推广文案的快速生成以及不同场合下演讲稿的创作。AI 助手最强大的能力之一就是文案的生成，它不仅可以给职场人士提供一些新的思路想法，也可以改变工作模式，快速生成文字内容以节省时间，让不同岗位的职场人可以把精力用在构思和审阅校对上，提高工作质量的同时让任务变得轻松而高效。

本章将详细介绍主流 AI 助手（如百度文心一言和月之暗面 Kimi）辅助生成不同类型文案的方法，既会用到第 3 章中的提示词技巧，也会介绍一些新的方法和工具加速提示词编写的过程，让读者可以轻松使用 AI 助手完成行政公文、事务文书、数据分析报告、推广文案以及演讲稿的写作。

本章要点：

- 使用 AI 助手创作行政公文和事务文书
- 掌握 AI 助手的模板法和文档总结法
- AI 数据检索和分析报表快速生成
- 推广文案 AI 创意生成和社交平台风格切换
- 用 AI 助手写出感情丰富的优秀演讲稿

4.1　AI 行政公文写作

行政公文写作不仅是公司和团队内部沟通、决策执行、信息传递的基础，也是连接组织内外、确保业务及流程合规的关键环节。随着智能办公技术的不断发展，AI 助手已经可以对常见的行政公文，如会议通知、对外公告、决策请示、行政决议等，进行快速的生成和制作。本节将针对这几类常见行政公文，结合提示词技巧中的“模板法”，为读者介绍如何利用 AI 助手高效完成行政公文写作。

本节用到的“模板法”其实是第 3 章中提到的提示词要素“示例”以及进阶技巧“设定回答格式”的融合应用。读者可以简单地理解为“让 AI 助手按照公文模板的例子生成完整的公文内容”。理论概念则无须细究，读者可以跟随本节后面内容中用 AI 助手辅助进行公文写作的实际示例进行操作。

如果不使用“模板法”，最为简单的快速生成行政公文的提示词只需要写明文案的类型以及其他要求，以百度文心一言为例，如图 4-1 所示。

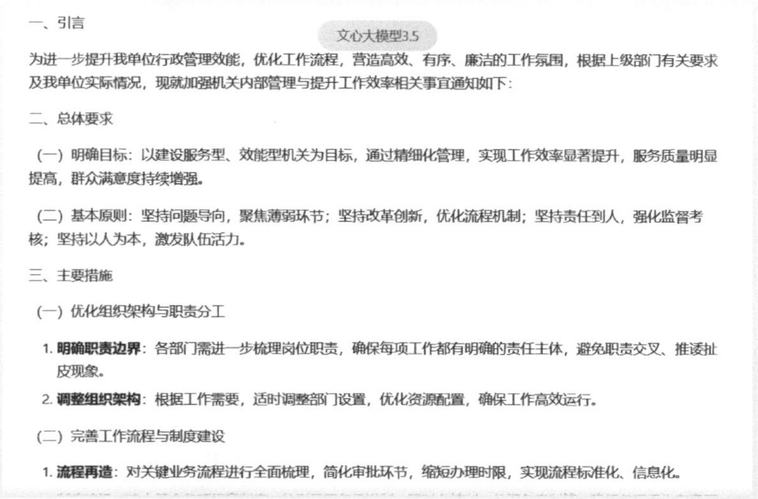
一、引言

文心大模型3.5

为进一步提升我单位行政管理效能，优化工作流程，营造高效、有序、廉洁的工作氛围，根据上级部门有关要求及我单位实际情况，现就加强机关内部管理与提升工作效率相关事宜通知如下：

二、总体要求

（一）明确目标：以建设服务型、效能型机关为目标，通过精细化管理，实现工作效率显著提升，服务质量明显提高，群众满意度持续增强。

（二）基本原则：坚持问题导向，聚焦薄弱环节；坚持改革创新，优化流程机制；坚持责任到人，强化监督考核；坚持以人为本，激发队伍活力。

三、主要措施

（一）优化组织架构与职责分工

1. **明确职责边界**：各部门需进一步梳理岗位职责，确保每项工作都有明确的责任主体，避免职责交叉、推诿扯皮现象。
2. **调整组织架构**：根据工作需要，适时调整部门设置，优化资源配置，确保工作高效运行。

（二）完善工作流程与制度建设

1. **流程再造**：对关键业务流程进行全面梳理，简化审批环节，缩短办理时限，实现流程标准化、信息化。

图 4-1　使用普通提示词生成的行政公文（节选）

提示词模板：

生成一份内容是【具体事项】的行政公文，要符合【类型、格式、用词等要求】

根据应用场景的不同，可以使用类似以下提示词生成行政公文。

提示词内容：

生成一份【加强内部管理和效率提升】行政公文，要符合【内容层次分明，有具体措施】

使用普通提示词进行公文写作的方法相对简单，甚至部分 AI 助手直接提供了写好的提示词，可以在 AI 助手提供的助手广场或类似功能中（详细方法已在第 2 章中进行了介绍），选择合适的文案写作助手。例如文心一言百宝箱中搜索"写作"可以找到"文本创作""创意写作"等提示词助手功能，读者只需要将预置的提示词修改为"公文写作"即可，如图 4-2 所示。

图 4-2   文心一言的提示词百宝箱提供不同的写作助手

4.1.1   运用 AI 模板法编写会议通知

本节开始的内容介绍了使用一般提示词或普通助手进行公文写作的方法，很显然对于类型复杂、要求严格、格式明晰的行政公文，使用此类方法让 AI 助手生成的内容欠缺一些行政公文应有的专业性，这个时候就需要在提示词中加入预先编写好的行政公文"模板"。

1. 直接用 AI 助手生成模板

在"模板法"的实际应用中，如果读者手中没有合适的文案模板，可以使用 AI 助手直接生成，例如直接在百度的文心一言 AI 助手中输入提示词来生成一个会议通知模板，如图 4-3 所示。

> 提示词示例：
> 生成一份【会议通知】模板，要求是【内容突出，中心明确】

【会议通知模板】　　　　　　　　　　文心大模型3.5

主题：[具体会议主题，如"2023年度第一季度工作总结与规划会议"]

时间：[具体日期]，[开始时间] 至 [结束时间]

地点：[会议地点，如"公司第一会议室"或"线上会议（Zoom会议ID：XXXXXX，密码：XXXXXX）"]

参会人员：[列出所有应参会人员，可包括部门、职位或具体姓名，如"各部门经理、项目负责人及关键团队成员"]

会议议程：

　1. **开场致辞**
　　• 主持人：[姓名/职位]
　　• 内容概要：简短介绍会议目的、重要性及会议纪律。
　2. **上一阶段工作总结**
　　• 汇报人：[姓名/部门]
　　• 内容概要：回顾上一阶段（如上一季度/上一项目周期）的主要工作成果、亮点、存在的问题及改进措施。
　3. **业绩分析与评估**
　　• 分析人：[姓名/部门]

图 4-3　AI 助手生成的会议通知模板（节选）

AI 助手生成的会议通知模板已经具备了较为齐全的行政公文要素，如主题、人员、会议议程等，为方便后续使用，本节摘录其中部分如下，读者可修改后直接用于下一步的行政公文生成。

在 AI 助手生成的会议通知模板中，需要替换的内容有"主题""会议地点"

"参与人员"等实际信息，都已经用方括号标识，下一步使用模板生成完整的会议通知的时候，AI 助手将依据用户的提示词来补全这些"待填写"的内容。

2. 使用已有的模板

对于入职时间较长的职场人，通常对于自己的工作已经有了一定量的素材积累，常用的文案的模板也已经比较成熟，可以直接将此类模板用于 AI 助手的公文生成。本小节继续使用上述的会议通知情景为例，读者可以根据实际工作将已有的或企业内部经常使用的模板制作成提示词的样式。

已有的会议通知模板（仅摘录"会议议程"部分）：

1. 开场致辞

　　主持人：【姓名/职位】

　　内容概要：【简短介绍会议目的、重要性及会议纪律。】

2. 上一阶段工作总结

　　汇报人：【姓名/部门】

　　内容概要：【回顾上一阶段（如上一季度/上一项目周期）的主要工作成果、亮点、存在的问题及改进措施。】

3. 业绩分析与评估

　　分析人：【姓名/部门】

　　内容概要：【基于数据，分析业绩达成情况，对比目标，识别成功因素与待改进领域。】

4. 经验分享与案例讨论

　　分享人：【姓名/部门】

　　内容概要：【邀请表现突出的团队或个人分享成功经验，组织讨论，促进知识共享。】

5. 下一阶段工作计划与目标设定

　　汇报人：【姓名/部门】

　　内容概要：【明确下一阶段（如下一季度/下一项目周期）的工作重点、目标、预期成果及关键里程碑。】

6. 问题与建议收集

【主持人引导全体参会人员就当前工作、未来规划等提出疑问、建议或意见。】

7. 闭幕总结

【主持人总结会议要点，强调后续行动项及责任分配，宣布会议结束。】

如果是自行编写模板，需要注意使用明确的"分隔符"（在第 3 章中有详细介绍）让 AI 助手能准确识别哪些内容是固定的、哪些内容是需要改变的。

3. 让 AI 助手根据模板生成行政公文

前文列出了会议通知的两类模板提示词，读者可以任选其一进行尝试，完成一篇完整的会议通知的生成。本节选择使用已有的模板，套用下方提示词的示例，将模板内容完整复制到三重引号的分隔符之中。

提示词示例：

今天下午 2：30 召集所有高管和部门负责人开会，总结公司新产品的销售情况、对销售部进行业绩评比，同时让产品部分享经验，最后由战略部门做规划和问题反馈，会议时长控制在 2 小时以内。

请根据以上行政事项，根据模板生成一份会议通知，不允许变更主体结构，需要将方括号【】中的内容修改为实际的会议信息，如果对当前日期有疑问请联网检索。

模板如下：

"""

（将 AI 生成的模板或已有的模板复制到这里）

"""

在上面的提示词中，AI 助手会正确理解较为口语化的"今天""高管和负责人""2 小时以内"等信息，并准确地按照模板填写会议通知中的时间、地点、参会人员和会议议程，如图 4-4 所示。

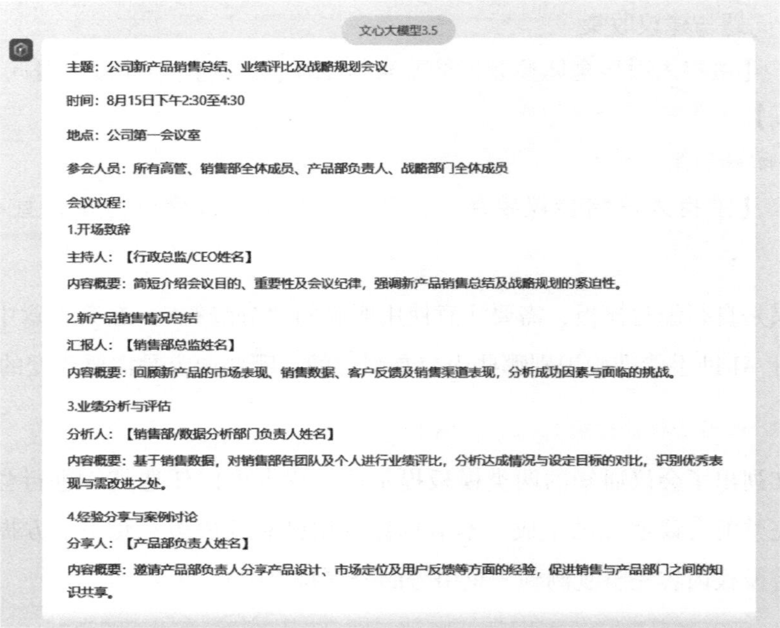

文心大模型3.5

主题：公司新产品销售总结、业绩评比及战略规划会议

时间：8月15日下午2:30至4:30

地点：公司第一会议室

参会人员：所有高管、销售部全体成员、产品部负责人、战略部门全体成员

会议议程：

1.开场致辞

主持人：【行政总监/CEO姓名】

内容概要：简短介绍会议目的、重要性及会议纪律，强调新产品销售总结及战略规划的紧迫性。

2.新产品销售情况总结

汇报人：【销售部总监姓名】

内容概要：回顾新产品的市场表现、销售数据、客户反馈及销售渠道表现，分析成功因素与面临的挑战。

3.业绩分析与评估

分析人：【销售部/数据分析部门负责人姓名】

内容概要：基于销售数据，对销售部各团队及个人进行业绩评比，分析达成情况与设定目标的对比，识别优秀表现与需改进之处。

4.经验分享与案例讨论

分享人：【产品部负责人姓名】

内容概要：邀请产品部负责人分享产品设计、市场定位及用户反馈等方面的经验，促进销售与产品部门之间的知识共享。

图 4-4　AI 助手根据模板生成的会议通知（节选）

在生成的会议议程中，由于在提示词里明确约束了模板格式并要求 AI 助手“不允许变更主体结构”，所以生成的会议议程的内容和顺序与模板中规定的完全一致，避免了 AI 助手“自我发挥”生成不可控内容的问题。而对于未给出的信息（如主持人、汇报人、分享人），AI 助手也根据常识性的理解将“行政总监”“销售总监”“数据分析部门”等内容进行了示例性填充，并保留了方括号以标注这一部分是需要用户后续自行修改的内容。

完成了某一类行政公文的生成后，还可以继续让 AI 助手按照附加的模板进行后续的编辑和调整，相关提示词如下（篇幅所限不在此处展开，读者可自行尝试）。

继续按模板修改的提示词示例：

请完善上面的会议通知，将【新产品销售情况总结】中的内容细化，使用如下模板，要求和之前相同。

```
"""
（在这里填写新的补充模板）
"""
```

4.1.2　运用提示词模板生成各类行政公文

行政公文种类众多，通常分为决议、公告、通知、请示、批复等，在使用 AI 助手生成行政公文前读者需要先准备好不同类型的行政公文所需的提示词模板，然后根据特定情景进行提示词的编写。

如果不加分类，只是用普通的提示词"行政公文"来笼统表述，只能得到一份适用性不强的普通模板，很难符合使用者预期的效果，如图 4-5 所示。

图 4-5　仅使用提示词"行政公文"生成的模板

本节列出一些行政公文提示词模板的特点，以方便进行对比分析，读者可以使用表 4-1 中不同行政公文模板的提示词要点进行设计。

表 4-1　行政公文特点及提示词模板设计要点

行政公文类型	内 容 特 点	提示词模板设计要点
公告	公告的语言简洁明了，不会使用冗长烦琐的表述方式；内容条理清晰、层次分明	要求 AI 助手明确公告目的与受众、保持语言正式且清晰；遵循公告的常规格式（如标题、正文、落款等），并合理安排内容结构

（续）

行政公文类型	内 容 特 点	提示词模板设计要点
请示	请示中的事项阐述明确、缘由及请求清晰，同时体现对上级决策的尊重和依赖	着重说明请示事项的必要性，并要求 AI 助手列举方案，供上级部门选择，同时提供合理的理由和建议
决议	权威性和明确性，通常着眼于宏观指导，经程序化集体决策形成，具有稳定性和长期性	明确让 AI 助手侧重决策性和指导性，并且要能适应不同情景，特定情况要考虑法律和政策依据

本小节后续内容会对表 4-1 中的三类行政公文提供简要的提示词模板以及使用效果示例。

1. 公告类行政公文示例

以公司中发布对外公告的场景为例，读者可使用如下提示词模板。

公司对外公告提示词模板：

文件编号：【填写具体编号，如 **XX** 字［年份］**XX** 号】

发布日期：【填写发布的具体日期，如 **XXXX** 年 **XX** 月 **XX** 日】

【重要公告】

【标题】：【简明扼要地概括公告主题，如 "关于 **XX** 项目正式启动的公告"】

尊敬的【受众群体，如客户、合作伙伴、全体员工等】：

为了【简述公告背景或目的，如 "进一步推动公司业务发展，提升服务质量"】，我司特此发布以下重要公告：

一、公告内容

【具体事项一】：【详细描述第一项公告内容，包括决策、活动、变动等具体信息。】

例如：经过精心筹备与规划，我司 **XX** 项目将于【具体时间】正式启动。该项目旨在【简述项目目标或意义】，我们期待通过此项目为【受益方，如客户、行业等】带来【具体好处或影响】。

【具体事项二】(如有):【继续列出其他需要公告的事项，保持条理清晰。】

二、相关说明

【责任分工或执行细节】:明确各项任务的责任部门、负责人及执行时间表，确保公告内容的可操作性。

【联系方式】:提供咨询或反馈的联系方式，以便受众就公告内容提出疑问或建议。

(以下省略……)

模板的使用方式与前文类似，加入实际情景的描述后，要求 AI 助手不要擅自改动模板结构即可，所有的模板内容可以复制在三重引号的分隔符中间。

提示词内容:

生成一份公司对外公告，内容是公司将启动全国统一的售后服务标准。

要求是（参照上文，省略……)

模板如下（参照上文，省略……)

以使用百度文心一言为例，按照公司公告的模板 AI 助手生成的完整公告内容如图 4-6 所示。

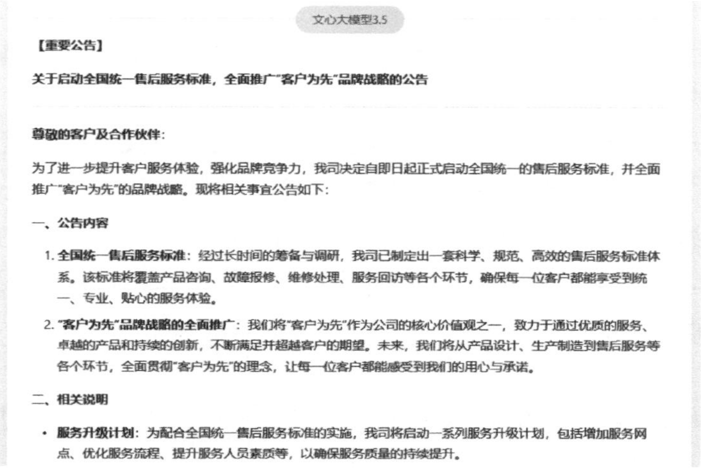
文心大模型3.5

【重要公告】

关于启动全国统一售后服务标准，全面推广"客户为先"品牌战略的公告

尊敬的客户及合作伙伴:

为了进一步提升客户服务体验，强化品牌竞争力，我司决定自即日起正式启动全国统一的售后服务标准，并全面推广"客户为先"的品牌战略。现将相关事宜公告如下:

一、公告内容

1. **全国统一售后服务标准**：经过长时间的筹备与调研，我司已制定出一套科学、规范、高效的售后服务标准体系。该标准将覆盖产品咨询、故障报修、维修处理、服务回访等各个环节，确保每一位客户都能享受到统一、专业、贴心的服务体验。
2. **"客户为先"品牌战略的全面推广**：我们将"客户为先"作为公司的核心价值观之一，致力于通过优质的服务、卓越的产品和持续的创新，不断满足并超越客户的期望。未来，我们将从产品设计、生产制造到售后服务等各个环节，全面贯彻"客户为先"的理念，让每一位客户都能感受到我们的用心与承诺。

二、相关说明

- **服务升级计划**：为配合全国统一售后服务标准的实施，我司将启动一系列服务升级计划，包括增加服务网点、优化服务流程、提升服务人员素质等，以确保服务质量的持续提升。

图 4-6　AI 助手按模板生成的公司公告（节选）

2. 请示类行政公文示例

以公司中下级部门向上级部门发起请示的场景为例，读者可使用如下提示词模板。

请示类行政公文提示词模板：

请示报告

主送单位/领导：【上级部门全称或具体领导姓名及职务】

抄送单位：（如有，请列出需抄送的相关部门或领导）

关于【具体事项】的请示

尊敬的【领导姓名】及【上级部门名称】：

您好！

随着【简述背景或当前情况，如市场环境变化、项目进展需求、政策调整影响等】，我部门在【具体工作领域或项目名称】中遇到了【具体问题或挑战】，为确保【工作目标、项目进度、公司利益等】的顺利实现，现就【具体事项】向您及【上级部门】请示如下：

一、事项概述

详细阐述请示事项的具体内容、背景、目的及重要性。明确指出当前面临的问题、已采取的措施及效果，以及为何需要上级的决策支持或资源调配。

二、方案建议

针对上述事项，我部门经过充分调研和分析，提出以下【具体数量，如两种】解决方案：

方案一：【详细描述方案一的内容、实施步骤、预期效果及所需资源等】。

方案二：【如有多个方案，继续详细描述。若无，可省略此条】。

我们倾向于采用【推荐方案编号及理由】，但考虑到【可能存在的风险、限制条件等】，特请示领导及【上级部门】给予明确指示或调整意见。

三、请求事项

基于上述情况，我部门正式请示：

请批准【具体请求事项，如实施方案、预算调整、人员调配等】。

（如有其他请求，继续列出。以下省略……）

使用此模板时只需要加入实际的关于请示内容的描述后，就可以要求 AI 助手在保证基本结构的前提下开始生成完整的请示公文了，与前文相同，模板内容可以复制在三重引号的分隔符中间。

> 提示词内容：
>
> 生成一份向总经理申请员工年度体检安排的行政公文，内容是希望审批选定的体检中心和审批相关的体检费用，同时抄送财务部。
>
> 要求是（参照上文，省略……）
>
> 模板如下（参照上文，省略……）

按照本节使用的请示类公文提示词模板，AI 助手生成的效果如图 4-7 所示。

标题：关于组织年度员工健康体检的请示

正文：

尊敬的总经理及总经理办公室：

您好！

随着公司业务的快速发展和员工队伍的不断壮大，员工健康已成为影响公司长远发展的重要因素之一。为了体现公司对员工身心健康的关怀，提升员工工作积极性和工作效率，同时根据国家关于劳动者健康权益保护的相关法律法规要求，我部门拟于今年第三季度组织全体员工进行年度健康体检。现就此事项向您及总经理办公室请示如下：

一、事项概述

本次健康体检旨在全面了解员工的身体状况，及时发现潜在的健康问题，为员工提供必要的健康指导和干预措施，确保员工以更加饱满的精神状态投入到工作中。同时，这也是公司履行社会责任、关爱员工的具体体现。

二、方案建议

经过市场调研和多家体检机构对比，我部门初步选定了两家具有良好口碑和专业资质的体检机构作为候选：

1. **XX健康体检中心**：该中心设备先进，项目全面，服务周到，且提供上门体检服务，方便员工参与。预计人均费用约为800元。
2. **YY医院体检部**：作为知名医院下属的体检部门，该机构在医疗技术和专业性上更具优势，但需员工自行前往医院体检。预计人均费用约为750元。

考虑到员工的实际需求和便利性，我部门倾向于选择XX健康体检中心作为本次体检的合作机构。

三、请求事项

图 4-7　AI 助手按模板生成的请示类公文（节选）

3. 决议类行政公文示例

以集团公司发布决议事项的场景为例，可使用如下提示词模板。

决议类行政公文提示词模板：

关于【具体决议事项】的决议

一、决议背景

鉴于【简述决议提出的背景、原因或依据，如市场环境变化、项目进展需求、政策法规要求等】，经【提出部门/会议名称】深入研究讨论，并报请【上级审批机构/领导】同意，现就【具体事项】做出决议。

二、决议内容

决策事项一：明确【具体决策内容】，包括但不限于【具体条款、措施、目标等】。

决策事项二（如有）：进一步规定【另一项决策内容】，强调【相关要点、注意事项】。

（以此类推，根据实际需要添加更多决策事项）

三、执行要求

执行单位：指定【具体执行部门/单位】，负责【具体执行任务、时间节点等】。

监督与反馈：要求【监督部门/个人】对执行情况进行跟踪监督，并定期向【汇报对象】反馈执行进展及存在的问题。

生效日期：本决议自【具体日期】起生效，请各相关单位遵照执行。

（以下省略……）

使用决议类行政公文的模板时，也需要加入实际的决议事项和相关背景信息，同样将模板内容复制在三重引号的分隔符中间。

提示词内容：

生成一份调整年度投资计划的决议，内容是调整公司对新能源产业和传统产业的投资比例，并加强在研发创新上的投入。

要求是（参照上文，省略……）

模板如下（参照上文，省略……）

按照上述决议类公文的提示词模板，AI 助手生成的效果如图 4-8 所示。

[正文]

一、决议背景

鉴于当前国内外经济形势的复杂变化以及集团战略发展的需要，为确保年度经营目标的顺利实现，提高资金使用效率和投资回报，经集团投资部深入调研分析，并报请集团董事会审议通过，现就调整 2023 年度投资计划做出如下决议：

二、决议内容

1. **增加新能源项目投资**：决定在原定年度投资计划中新增新能源项目投资额度 5000 万元人民币，重点投向太阳能光伏和风电领域，以支持集团绿色转型战略。
2. **优化传统产业投资结构**：对现有传统产业投资项目进行重新评估，调整投资比例，将部分资金从低效益项目中撤出，集中力量支持具有市场竞争力和高成长性的项目，确保传统产业板块的稳定发展。
3. **加强研发创新投入**：决定增加研发投入预算 3000 万元人民币，用于新产品开发、技术升级和知识产权保护，提升集团核心竞争力。

三、执行要求

1. **执行单位**：集团财务部、投资部及相关产业板块负责人需立即组织团队，按照本决议要求调整投资计划，并制定详细的实施方案和时间表。
2. **监督与反馈**：集团监事会负责对投资计划调整的执行情况进行全程监督，并定期向董事会报告执行情况，确保各项措施得到有效落实。
3. **生效日期**：本决议自发布之日起生效，各相关单位需迅速行动，确保投资计划调整的顺利实施。

图 4-8　AI 助手按模板生成的决议类公文（节选）

通过以上三个示例可以充分体现出行政公文的复杂性，每一类行政公文对应的内容特点与提示词模板要求均不相同，读者如果希望在日常工作中也能快速生成各类行政公文，不妨用类似本小节的方法，将常用的公文模板改写为提示词的形式保存至本地，需要使用时直接复制到 AI 助手中即可。

理论上"模板法"也并不局限于行政公文的写作，任何有规范化、制式化要求的文案内容，都可以使用类似的方式：准备好模板（AI 生成或使用已有的）并改写为提示词形式，再描述特定场景让 AI 助手快速生成，可以最大限度地保证行文风格和整体结构不变。

4.2　AI 事务文书写作

事务文书是公司、团队和个人为处理日常工作事务使用的一个文案类型，包含了非常多的文书类型，不过没有行政公文要求的那么严格和缜密。常用的事务文书类型包括会议纪要、调研报告、工作简报、工作计划、述职报告等。事务文书虽然没有严格的用语和格式要求，但在办公场景中使用的频率非常高，对于职场人士来说如果可以快速高效地编写各类事务文书，将节省很多时间用于其他更重要的工作。主要的事务文书类型及提示词要求如表 4-2 所示，使用 AI 助手时可以将明确的事务文书类型和提示词要求写到提示词中。

表 4-2　事务文书类型及提示词要求

事务文书类型	提示词要求
会议纪要	会议基本信息（明确会议名称、时间、地点、主持人、参会人员名单）、会议议题（列出会议讨论的主要议题及顺序）、决策与结论（会议中形成的决策、共识或待办事项，包括责任人、完成期限等）、要求（注明后续跟进的期望或要求）
调研报告	调研目的与背景（阐述调研的初衷、目的及行业/领域背景）、调研方法（说明采用的调研方式及样本情况）、调研结果（概述主要发现、数据统计分析结果、问题点或趋势）、分析与建议（基于调研结果进行深入分析，提出改进建议或策略）、结论（总结调研的核心观点和未来展望）
工作计划	目标设定（明确工作目标、具体指标和期望成果）、任务分解（将大目标分解为可执行的小任务，包括责任人、时间节点等）、资源需求（列出完成任务所需的人力、物力、财力等资源）、风险评估（预测可能遇到的风险及应对措施）
工作简报	时间段（明确简报覆盖的时间范围）、工作进展（概述各重点项目或任务的进展情况，包括已完成和正在进行的工作）、成果亮点（突出该周期内取得的显著成果或突破）、问题与挑战（分析遇到的问题及挑战，可附带解决方案或需求支持）、下一步计划（规划接下来的工作重点和目标）
述职报告	个人基本信息（姓名、职位、报告周期等）、职责范围（概述自己的岗位职责和业务范围）、工作业绩（具体列举在报告期内完成的主要工作和取得的业绩，最好有量化指标）、技能提升（介绍个人在专业能力、管理能力等方面的成长和提升）、存在问题与反思（诚实地分析工作中存在的问题，进行自我反思）、未来规划（阐述对未来工作的设想、目标和计划）

读者可以直接根据表 4-2 使用每一类事务文书对应的提示词要求，额外补充必要的背景信息后，让 AI 助手生成符合要求的完整文案。

通用事务文书提示词模板：

生成一份【具体事项】的事务文书，符合【具体的文案写作要求】，可以参考的背景信息如下：

(背景信息省略……)

以表中的"工作计划"为例，可以编写以下提示词进行工作计划的生成。

提示词内容：

生成一份工作计划的事务文书，要求是包含目标设定 (明确工作目标、具体指标和期望成果)、任务分解 (将大目标分解为可执行的小任务，包括责任人、时间节点等)、资源需求 (列出完成任务所需的人力、物力、财力等资源)、风险评估 (预测可能遇到的风险及应对措施)。

可以参考的背景信息如下：

作为一名市场营销部经理，接下来要做的工作是深化市场调研，优化产品组合，拓展更多销售渠道。

使用上述提示词在百度文心一言中生成的工作计划节选如图 4-9 所示。

二、目标设定

1. **提升品牌知名度**：通过多渠道营销活动，使品牌曝光量增加30%。
2. **市场拓展**：新增合作客户5家，特别是在教育行业和科技领域。
3. **销售业绩**：实现季度销售额增长25%，达到XX万元。

三、任务分解

1. **市场调研与分析 (4月1日-4月15日)**
   - 责任人：市场分析师李华
   - 任务内容：对目标市场进行深入调研，分析竞争对手策略，收集潜在客户需求，形成市场分析报告。
2. **营销活动策划与执行 (4月16日-5月31日)**
   - 责任人：营销策划团队全体成员
   - 任务内容：
     - 设计并执行一场线上品牌发布会，利用社交媒体、短视频平台扩大影响力。
     - 举办两场行业研讨会，邀请行业专家及潜在客户参与，增强品牌专业性。
     - 开展"春季特惠"促销活动，针对重点产品线提供限时折扣和赠品。
3. **客户开发与维护 (全季度)**

图 4-9　按事务文书要求生成的工作计划 (节选)

其他类型的事务文书，读者都可以用相同的方法和提示词进行快速生成，唯一需要调整的就是给 AI 助手提供的背景信息，通常信息越详细，生成的效果和准确度就会越符合实际工作任务的要求。

4. 2. 1   使用 Kimi 总结长文档并生成报告

第 2 章介绍各类主流 AI 助手产品平台时，提到过每个 AI 助手的特点，其中 Kimi 在处理长文档的方面有独特优势。在日常处理总结性的事务文书时（如调研报告和会议纪要），拥有长文档解析与生成能力的 AI 助手可以提供非常大的效率提升。读者也可自行使用其他 AI 助手，随着人工智能技术的发展，已经有越来越多的 AI 助手产品提供超长文档的分析和问答功能。

从智能办公的场景来看，职场人士每天需要处理大量的信息，其中不乏冗长的文章和各种报告。AI 助手能够快速从单篇或多篇长文档中总结关键的信息，并整理出结论性的文案，让使用者无须花费大量时间逐字阅读便可以获取最有效的信息，投入更多精力到更具创造性和战略性的工作中。同时对公司来说，公司内部通常会积累海量的文档资料，经过 AI 助手总结后长文档可以转化为企业浓缩和积累的专属知识库，方便员工快速检索信息或进行问答，帮助企业的专业知识在公司内部高效流通和共享。

本节使用 Kimi 作为长文档总结和生成报告的 AI 助手，用户需要在智能体商店"Kimi+"的首页中选择官方推荐的"长文生成器"，如图 4-10 所示。

选择"长文生成器"的目的是在完成多篇长文档分析后，可以直接让 AI 助手生成研究报告。如果读者仅仅是想获取简短的文档总结，可以直接在普通对话界面上传文档，无须使用任何智能体或插件就可以便捷获取文档内容总结。

下面示例以全国新能源汽车的发展趋势为主题，选择了 5 篇相关报告和论文上传至 AI 助手，如图 4-11 所示。

图 4-10　Kimi 的"长文生成器"智能体

图 4-11　将多篇长文档上传至 AI 助手

提示词只需要简要写明基本要求即可，读者也可以直接使用如下提示词示例。

总结长文档、生成研究报告的提示词示例：

请分析上传的所有文档，提炼核心数据，整理其中的重要信息和结论，生成一篇完整的研究报告。

AI 助手会先对所有文档进行阅读理解，之后按照提示词的要求提炼文档中的数据、观点、结论等核心内容，再生成一篇完整的研究报告《中国新能源汽车行业研究》（由于生成文案较长仅展示部分内容），效果如图 4-12 所示。

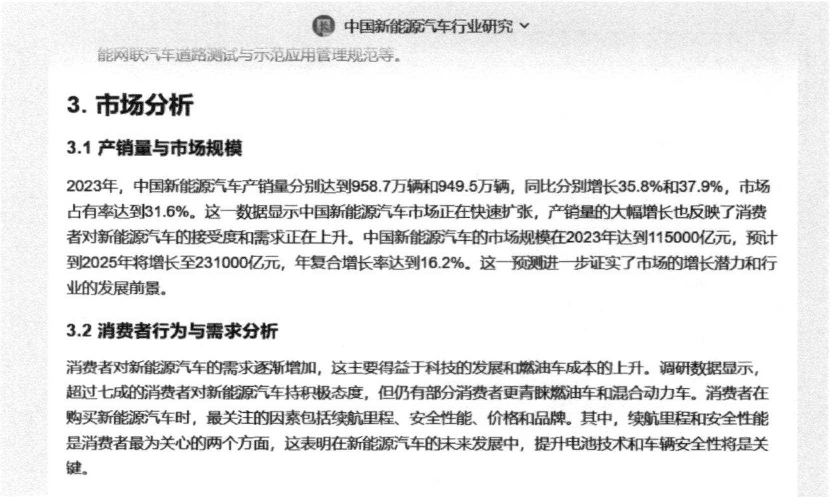

中国新能源汽车行业研究

能网联汽车道路测试与示范应用管理规范等。

3. 市场分析

3.1 产销量与市场规模

2023年，中国新能源汽车产销量分别达到958.7万辆和949.5万辆，同比分别增长35.8%和37.9%，市场占有率达到31.6%。这一数据显示中国新能源汽车市场正在快速扩张，产销量的大幅增长也反映了消费者对新能源汽车的接受度和需求正在上升。中国新能源汽车的市场规模在2023年达到115000亿元，预计到2025年将增长至231000亿元，年复合增长率达到16.2%。这一预测进一步证实了市场的增长潜力和行业的发展前景。

3.2 消费者行为与需求分析

消费者对新能源汽车的需求逐渐增加，这主要得益于科技的发展和燃油车成本的上升。调研数据显示，超过七成的消费者对新能源汽车持积极态度，但仍有部分消费者更青睐燃油车和混合动力车。消费者在购买新能源汽车时，最关注的因素包括续航里程、安全性能、价格和品牌。其中，续航里程和安全性能是消费者最为关心的两个方面，这表明在新能源汽车的未来发展中，提升电池技术和车辆安全性将是关键。

图 4-12　AI 助手总结长文档并生成研究报告（节选）

另外需要读者注意的是，Kimi 在使用过程中默认会打开“联网搜索”功能，如果不希望在研究报告中出现过多来自互联网检索的内容，需要在提示词输入框旁边关闭这个选项。

本节使用 AI 助手长文档的处理能力主要是应用于事务文书中“研究报告”的材料总结和生成，其他类型的智能办公场景如果需要短时间内分析大量文字、总结生成长篇内容，也可以使用“长文生成器”这个智能体，灵活应对各类工作需求。

4.2.2　使用文心一言快速高效总结会议纪要

目前，AI 助手在辅助会议方面已经非常成熟，在本书后面的章节中会详细说明如何通过会议录音快速整理和生成会议纪要。本节介绍的方法则更为通用，主要用提示词的方式完成高效的会议纪要总结。以百度文心一言为例，在"百宝箱"功能中可以搜索到"会议纪要整理"的助手，如图 4-13 所示。

图 4-13　文心一言提供的"会议纪要整理"提示词助手

读者在使用"会议纪要整理"的时候还需要根据实际的会议内容进行提示词修改，本示例模拟月度销售策略会的场景进行实际操作的说明。根据实际会议的类型不同，可以使用类似以下提示词进行会议纪要生成。

提示词内容：

（已经填好提示词主体，读者只需要修改部分内容）

整理一份规范的会议纪要，包括会议的基本信息、目的和议题、内容摘要、决议和行动事项、附件和参考信息。

以下是会议的内容：

会议主题：月度销售策略会

时间：【实际的会议时间，如 10 月 1 日，13：00-16：00】

参会者：【填写具体参会人员】

内容简述：

研讨新产品推广计划，分析上月销售数据，提出改进措施。（省略……）

待办事项：
（根据实际会议情况填写，省略……）

此方式相比“模板法”更为便捷，使用 AI 助手提供的提示词辅助功能就可以直接获取编写好的提示词。考虑到并非所有事务文书都能找到对应的提示词助手，读者可以上传模板或者参照本书后续章节创建自己专属的智能体 AI 助手。上述提示词生成的会议纪要如图 4-14 所示。

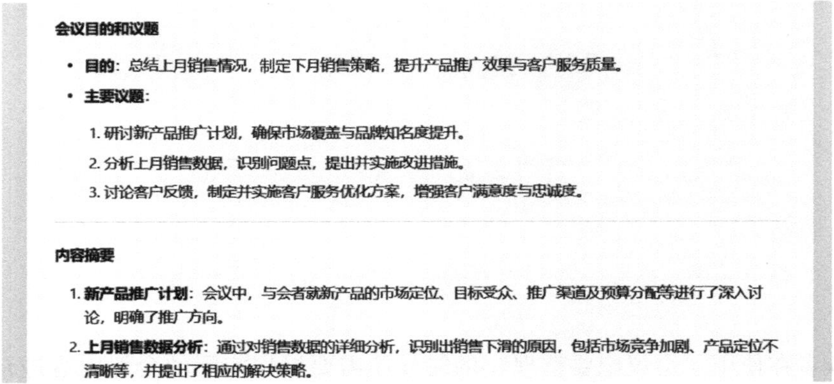

会议目的和议题

- **目的**：总结上月销售情况，制定下月销售策略，提升产品推广效果与客户服务质量。
- **主要议题**：
  1. 研讨新产品推广计划，确保市场覆盖与品牌知名度提升。
  2. 分析上月销售数据，识别问题点，提出并实施改进措施。
  3. 讨论客户反馈，制定并实施客户服务优化方案，增强客户满意度与忠诚度。

内容摘要

1. **新产品推广计划**：会议中，与会者就新产品的市场定位、目标受众、推广渠道及预算分配等进行了深入讨论，明确了推广方向。
2. **上月销售数据分析**：通过对销售数据的详细分析，识别出销售下滑的原因，包括市场竞争加剧、产品定位不清晰等，并提出了相应的解决策略。

图 4-14　使用“会议纪要整理”生成的会议纪要（节选）

读者可以发现，对于同一个事务文书的写作（如会议纪要总结），使用 AI 助手完成的方式是灵活多变的：可以使用表 4-2 中的提示词要求直接生成，也可以通过会议纪要的提示词助手来调用提示词框架，如果有会议录音资料还可以通过音频文件总结会议纪要。这也是本书使用各类 AI 助手来完成多样化智能办公任务的原因，希望尽可能全方位、多维度地体现灵活应用 AI 助手的办公优势。

4.2.3　综合运用模板法和文档总结法整理文案

之前两个小节分别介绍了使用 AI 助手的模板法和长文档总结功能，本小节将综合运用这两种方法，将前文中已经生成的《中国新能源汽车行业研究》进一步用模板法重新改写，让生成的整体报告结构更符合实际工作中的特定结构要求。

提示词示例（在生成报告的同一个对话中继续使用）：

使用提供的模板，重新生成以上研究报告。

不允许改变模板的主体结构，模板如下：

"""

（将 AI 生成的模板或已有的模板复制到这里）

"""

为方便读者查看生成的结果，本示例直接使用如下提示词模板进行生成，效果如图 4-15 所示。

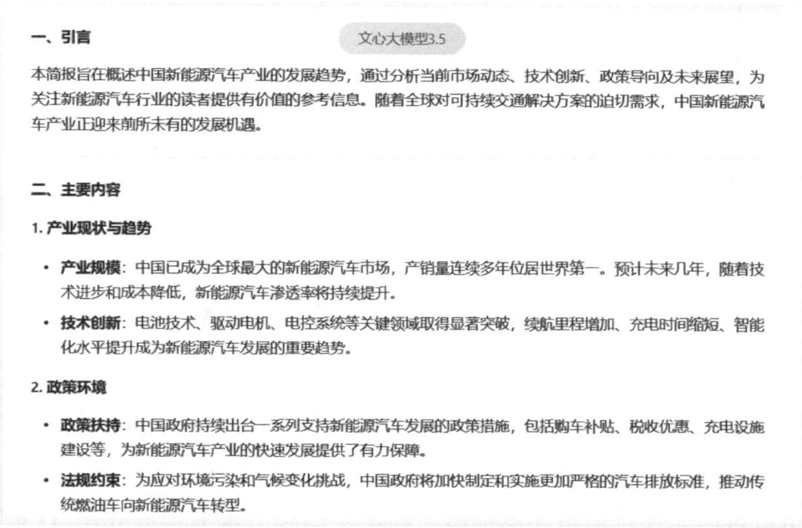

一、引言

文心大模型3.5

本简报旨在概述中国新能源汽车产业的发展趋势，通过分析当前市场动态、技术创新、政策导向及未来展望，为关注新能源汽车行业的读者提供有价值的参考信息。随着全球对可持续交通解决方案的迫切需求，中国新能源汽车产业正迎来前所未有的发展机遇。

二、主要内容

1. 产业现状与趋势

- **产业规模**：中国已成为全球最大的新能源汽车市场，产销量连续多年位居世界第一。预计未来几年，随着技术进步和成本降低，新能源汽车渗透率将持续提升。
- **技术创新**：电池技术、驱动电机、电控系统等关键领域取得显著突破，续航里程增加、充电时间缩短、智能化水平提升成为新能源汽车发展的重要趋势。

2. 政策环境

- **政策扶持**：中国政府持续出台一系列支持新能源汽车发展的政策措施，包括购车补贴、税收优惠、充电设施建设等，为新能源汽车产业的快速发展提供了有力保障。
- **法规约束**：为应对环境污染和气候变化挑战，中国政府将加快制定和实施更加严格的汽车排放标准，推动传统燃油车向新能源汽车转型。

图 4-15 综合运用模板法重新改写后的长文档报告

提示词模板：

一、引言

本研究报告旨在概述【具体行业/领域】的当前发展状况与未来趋势，通过深入分析市场动态、技术创新、政策导向及行业前景，为行业内外的关注者提供全面、有价值的参考信息。随着全球/地区经济结构的不断调整和新技术革命的深入发展，【具体行业/领域】正面临着前所未有的机遇与挑战。

二、主要内容

1. 行业现状与趋势

市场规模与增长：【具体行业/领域】的市场规模（省略……）

技术创新与变革：技术创新是推动【具体行业/领域】发展的关键力量。在【具体技术/产品/服务】等方面，行业内部取得了显著进展（省略……）

2. 政策环境

政策支持与引导：政府高度重视【具体行业/领域】的发展，通过制定一系列政策措施，如资金扶持、税收优惠、市场准入放宽等（省略……）

3. 挑战与机遇

(以下省略……)

4.3　AI 数据分析报告写作

数据分析报告是办公场景中的一个特殊类型，用 AI 助手生成数据分析报告，需要考虑几方面的技巧组合：用 AI 联网检索收集某一专题的公开数据（上传已有的数据文档）作为分析基础，将分析后的数据用于 AI 助手制作不同类型的图表，最后使用本章提到的长文档报告生成功能完成最终的数据分析报告写作，也可以进一步通过模板法整理格式和报告结构。本节主要介绍 AI 助手数据检索和图表生成的能力，完整报告的生成及修改请读者参阅前面两个小节的内容自行尝试。如果使用恰当，可以高效地生成一份数据翔实、逻辑清晰的数据分析报告。

作为示例，本节先使用百度文心一言根据以下提示词，生成一份简易的数据分析报告，生成的报告如图 4-16 所示。

提示词内容：

生成一份数据分析报告，内容关于【双十一各大零售平台销量的分析】

一、概述

文心大模型3.5

在刚刚结束的2023年双十一购物节中，中国零售市场再次展现其巨大的消费潜力和创新活力。通过AI数据分析，我们得以深入剖析各大零售平台的销量表现、市场趋势以及竞争格局，为电商行业的未来发展提供参考。

二、市场总体表现

根据星图数据发布的《2023年双十一全网销售数据解读报告》，双十一大促期间交易总额达到11386亿元，同比增长2.08%。这一数字表明，尽管面临全球经济不确定性，中国消费者的购物热情依然高涨，线上零售市场持续复苏并展现出强劲的增长动力。

三、主要平台销量分析

1. **综合电商平台**

- **天猫**：作为双十一的开创者，天猫平台在今年的双十一中继续保持领先地位。数据显示，天猫平台402个品牌成交破亿，全周期累计访问用户数超8亿，破历史纪录。此外，58个直播间成交破亿，其中38个是品牌店播，显示出品牌直播的强大带货能力。
- **京东**：京东也不甘示弱，其双十一期间销售额同样亮眼。京东超60个品牌销售破10亿元，近20000个品牌成交额同比增长超3倍。京东采销直播总观看人数突破3.8亿，进一步证明了京东在直播电商领域的强劲势头。
- **拼多多**：拼多多凭借其长期化的低价战略——"百亿补贴"，在竞争激烈的市场中占据了一席之地。双十一期间，拼多多百亿补贴用户规模突破6.2亿，四五线城市下单金额同比增长167%，展现出其在下沉市场的强大竞争力。

2. **直播电商平台**

图 4-16　双十一各大零售平台销量数据分析报告

由于没有给任何额外的背景和信息，AI 助手自行检索了某年"双十一"期间，中国各大零售平台销量数据，同时根据对数据的理解，总结了诸如"线上零售市场持续复苏并展现出强劲的增长动力"等结论，还对比分析了各大综合电商平台及直播电商平台的销量。总体来说，这是一篇短小精悍的数据分析报告。

4.3.1　使用文心一言进行数据检索

如果需要进一步完善报告的数据，还需要使用 AI 助手进行前置的数据检索和数据搜集工作。在传统的工作中，数据检索是指从存储的数据集中查找并提取特定信息，这个过程可能涉及数据库、文件系统、搜索引擎等，相对复杂且费时费力。本节使用百度文心一言的"数据搜集"助手进行演示，介绍如何进行快速数据检索。

在一言百宝箱中搜索"数据"可以找到很多跟数据相关的助手，本示例选用"数据搜集"提示词助手，如图 4-17 所示。

图 4-17　使用一言百宝箱中的"数据搜集"助手

选取百宝箱中的"数据搜集"助手后，会将提示词模板自动填充到提示词的输入框中。

> 提示词模板：
> 现在你是一个数据检索程序，你需要找到并梳理【某特定行业】相关的数据，注意你需要附上数据对应的来源。此外请注意你需要在输出结果中标明部分生成的数据可能存在的偏差。

根据实际的分析报告需求对上述模板进行修改，让 AI 助手对"智能办公的市场规模"数据进行检索搜集，效果如图 4-18 所示。

提示词内容：

请从各大权威数据平台、行业报告、新闻资讯等渠道，找到并梳理【智能办公】相关的数据，包括但不限于市场规模、增长率、消费者画像、竞争格局等。在输出结果中，请附上每个数据对应的来源，并标明部分生成的数据可能存在的偏差，以确保数据的准确性和可靠性。同时，请确保数据的时效性和完整性，将以上数据整理为一份表格。

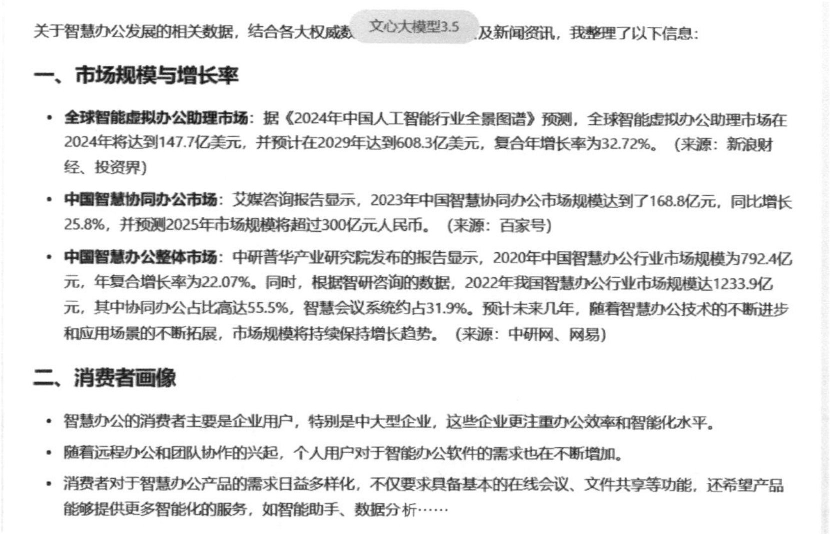

关于智慧办公发展的相关数据，结合各大权威数□□□　文心大模型3.5　及新闻资讯，我整理了以下信息：

一、市场规模与增长率

- **全球智能虚拟办公助理市场**：据《2024年中国人工智能行业全景图谱》预测，全球智能虚拟办公助理市场在2024年将达到147.7亿美元，并预计在2029年达到608.3亿美元，复合年增长率为32.72%。（来源：新浪财经、投资界）
- **中国智慧协同办公市场**：艾媒咨询报告显示，2023年中国智慧协同办公市场规模达到了168.8亿元，同比增长25.8%，并预测2025年市场规模将超过300亿元人民币。（来源：百家号）
- **中国智慧办公整体市场**：中研普华产业研究院发布的报告显示，2020年中国智慧办公行业市场规模为792.4亿元，年复合增长率为22.07%。同时，根据智研咨询的数据，2022年我国智慧办公行业市场规模达1233.9亿元，其中协同办公占比高达55.5%，智慧会议系统约占31.9%。预计未来几年，随着智慧办公技术的不断进步和应用场景的不断拓展，市场规模将持续保持增长趋势。（来源：中研网、网易）

二、消费者画像

- 智慧办公的消费者主要是企业用户，特别是中大型企业，这些企业更注重办公效率和智能化水平。
- 随着远程办公和团队协作的兴起，个人用户对于智能办公软件的需求也在不断增加。
- 消费者对于智慧办公产品的需求日益多样化，不仅要求具备基本的在线会议、文件共享等功能，还希望产品能够提供更多智能化的服务，如智能助手、数据分析……

图 4-18　AI 助手对"智能办公"的数据检索结果（节选）

由于在提示词中指定了 AI 助手最后生成一份表格数据，所以 AI 助手将用表格的形式生成如图 4-19 所示的数据统计。

读者可以使用上述 AI 助手检索到的数据结果（文字和表格形式），加以审核和修改，再结合使用模板法和文档总结法快速生成数据分析报告。

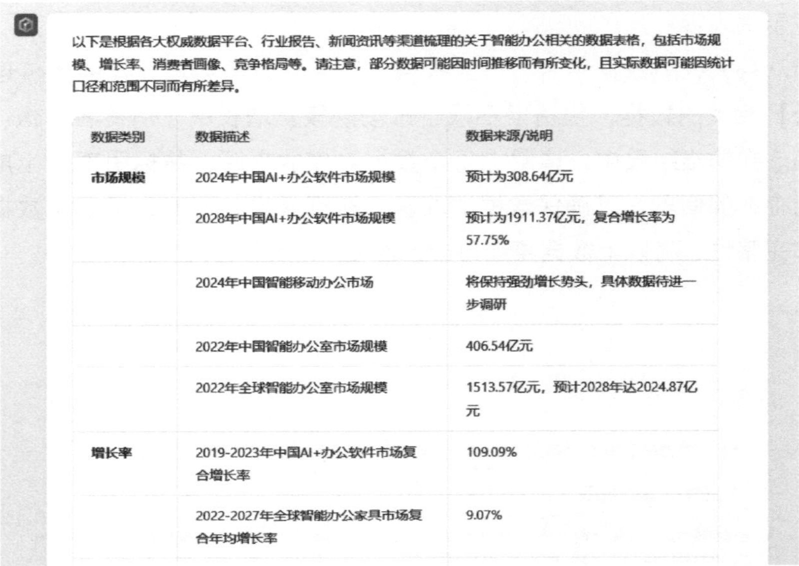

以下是根据各大权威数据平台、行业报告、新闻资讯等渠道梳理的关于智能办公相关的数据表格，包括市场规模、增长率、消费者画像、竞争格局等。请注意，部分数据可能因时间推移而有所变化，且实际数据可能因统计口径和范围不同而有所差异。

数据类别	数据描述	数据来源/说明
市场规模	2024年中国AI+办公软件市场规模	预计为308.64亿元
	2028年中国AI+办公软件市场规模	预计为1911.37亿元，复合增长率为57.75%
	2024年中国智能移动办公市场	将保持强劲增长势头，具体数据待进一步调研
	2022年中国智能办公室市场规模	406.54亿元
	2022年全球智能办公室市场规模	1513.57亿元，预计2028年达2024.87亿元
增长率	2019-2023年中国AI+办公软件市场复合增长率	109.09%
	2022-2027年全球智能办公家具市场复合年均增长率	9.07%

图 4-19　文心一言通过数据检索得到的统计表

4.3.2　使用 E 言易图插件生成不同种类的图表

除了纯文字和表格的形式，数据分析报告中还需要各类图表。百度文心一言的"E 言易图"是一个能够实现数据可视化分析的智能体，可以将数据自动转化为直观的可视化图表，目前可以支持生成的图表类型包括柱状图、折线图、雷达图、散点图等。读者可以在百度文心一言的智能体广场中找到"E 言易图"，如图 4-20 所示。

"E 言易图"即可以使用实时的 AI 检索数据，也可以由用户在提示词中输入已经准备好的数据，两种方式都需要在生成前指定所需要的图表类型。下面以"国内智能手机的销量数据统计"为例，生成柱状统计图，效果如图 4-21 所示。

提示词示例：

联网检索 2024 年 1 月到 6 月国内智能手机的销量数据，然后根据完整数据生成柱状图。

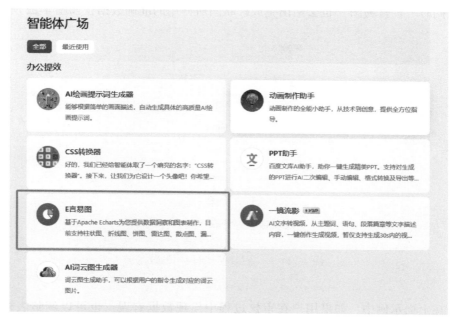

图 4-20 文心一言中的 "E 言易图" 智能体

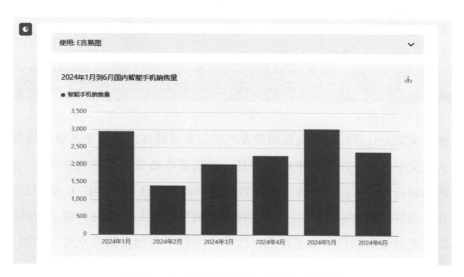

图 4-21 由 "E 言易图" 生成的柱状统计图

同时"E 言易图"也会给出生成柱状图所使用的准确数据，如图 4-22 所示。

图表数据:

月份	智能手机销售量
2024年1月	2951.3
2024年2月	1404.2
2024年3月	2021.8
2024年4月	2266.8
2024年5月	3032.9
2024年6月	2384.1

图 4-22　"E 言易图"所使用的数据

在上面示例中，如果用户在审核过程中发现数据有误，也可以调整表格中的数据，要求 AI 助手重新生成。生成的图表和数据，都可以保存至本地后用于继续编写完整的数据分析报告。由于过程和本章前面小节的方法完全相同，在此不再赘述。

4.4　AI 推广文案写作

推广文案是让产品迅速引起消费者兴趣的重要载体，相比于其他广告形式，在各大社交平台发布产品的推广文案是一种低成本高效益的营销方式，一个吸引人的标题或开篇可以快速抓住潜在客户的兴趣。对于专注推广 C 端产品市场的公司，通常会同时运营十几个社交媒体的账号以放大产品的声量，这就给负责推广文案编写的职位带来了挑战，因为不同的平台如微信公众号、微博、抖音、知乎、小红书等都有不同的受众群体，偏好的文风和宣传侧重点也有所不同。市场推广和社群运营部门的文案内容既要保证符合各个平台的特点，同时还需要保证清晰、准确地传达产品和服务的核心信息，使读者有继续阅读的兴趣。使用 AI 助手智能生成推广文案，不仅可以快速创作和修改推广文案，还可以自由切换适用于不同社交平台的文字风格，在多个平台和渠道上重复使用，以最小的成本达到最大的宣传效果。

4.4.1　使用 Kimi 生成符合各类媒体平台特点的文案

本小节使用 AI 助手完成推广文案生成的工作，选用 Kimi 的智能体助手"小红书爆款生成器"作为示例工具，在各个 AI 助手的智能体合集中，有很多针对不同社交平台的推广文案智能体助手，读者也可以选用符合自己工作需求的工具进行尝试。打开 Kimi 后，在智能体合集 Kimi+ 里面可以找到"小红书爆款生成器"助手，其使用界面如图 4-23 所示。

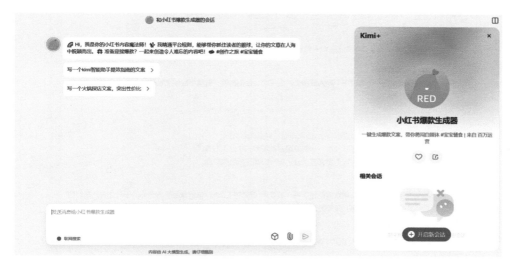

图 4-23　Kimi 提供的"小红书爆款生成器"智能体助手

读者在使用时需要将推广目标、推广的产品、是否需要特定的风格等背景信息明确地写入提示词中，如果感觉困难也可以简要描述后使用如下提示词让 AI 助手自动生成。

让 AI 助手协助生成提示词：

请生成一段可以用于 AI 大模型的提示词，适用于【让 AI 助手创作一款健康饮品的推广文案】

使用上述提示词后，AI 助手将根据用户的指令生成类似以下提示词，读者可以略加修改，也可以直接使用进行完整推广文案的生成，生成结果如图 4-24 所示。

提示词内容：

生成一篇产品推广文案，产品是【一款新的健康饮品】，目标受众是【注重健康生活的年轻人群体】，创作要求是【符合小红书的平台风格，综合考虑目标受众、品牌定位、产品特性、营销目标等因素】。

标题：【健康新风尚】年轻人的活力源泉，好喝到哭的养生秘籍💚🍵

正文：
Hey家人们，今天要给你们安利一款我最近超爱的宝藏饮品，简直是健康生活的完美拍档！🌿✨

✿【品牌故事】
这款饮品来自一个专注于年轻人健康生活的品牌，他们相信，健康不应该牺牲美味，所以研发了这款既营养又好喝的饮品。

🍵【产品特性】
• 0添加糖，采用天然甜味剂，甜而不腻，对身体无负担。
• 富含多种维生素和矿物质，一瓶满足日常所需，让你活力满满。
• 采用冷压技术，保留更多营养成分，每一口都是新鲜的味道。

👥【目标受众】
如果你是健身达人、健康饮食的追求者，或者是忙碌的打工人，这款饮品绝对是你的不二之选。随时随地补充能量，让你的每一天都充满活力。

🎯【营销目标】
我们的目标是让更多人了解并爱上这款健康饮品，让健康生活成为年轻人的新潮流。

📷首图建议：一张色彩鲜明、充满活力的图片，展示饮品的清新包装和诱人色泽，背景可以是健康生活方式的场景，如健身房、办公室或户外休闲。

图 4-24　"小红书爆款生成器"推广文案生成结果（节选）

在生成的"小红书爆款推广文案"中不仅用极具号召力的文字希望能在年轻人中吹起"健康新风尚"，还从品牌故事、产品特性、目标受众等方面进行了多维度营销，同时还给出了配图建议，并在字里行间填充了具有小红书风格的表情符号，高效快速地完成了一篇小红书推广文案的生成。

4.4.2　使用 Kimi 快速切换文案风格

生成了一篇"基础"的推广文案后，用户可以继续与 AI 助手对话，在提示词中要求 AI 助手将已有的推广文案在不改变内容主体的情况下，进行语言风格的切换。例如使用以下提示词，让推广文案增添一些趣味性，切换风格后的效果如图 4-25 所示。

> 提示词内容：
> 根据刚刚生成的推广文案重新创作，在保持主体内容不变的情况下，进行如下修改【尽可能让内容风趣幽默】

标题：【活力满满】开启你的健康新篇章！

正文：

🎉 嘿，健康生活的追求者们，是时候给你的日常加点料了！🎉

🥤 介绍我们的新星——【活力满满】健康饮品！这不是普通的饮料，这是你健康生活的超级英雄！

🏋 还在为健身房的汗水和蔬菜沙拉的苦涩感到疲惫吗？别担心，【活力满满】来拯救你的味蕾，同时为你的身体注入满满的正能量！

🍹 我们的饮品含有：

- 超级水果精华，让你的细胞跳起欢快的舞蹈。
- 维生素和矿物质的完美组合，让你的身体像打了鸡血一样充满活力。
- 无添加糖分，因为我们知道你的意志力已经足够坚强。

🎯 而且，我们保证，喝了【活力满满】，你的朋友们会开始怀疑你是不是偷偷吃了什么神秘的仙丹。别告诉他们，让他们猜去吧！

🍃 想要成为朋友圈里的健康达人？【活力满满】就是你的秘密武器。它不仅能让你的身体感到轻盈，还能让你的心情像彩虹一样绚烂。

图 4-25　风格切换为"风趣幽默"的推广文案

如果不仅要文案风格进行改变，同时还希望针对不同社交媒体平台的特点进行适当调整，可以使用下面的提示词示例进行社交平台的切换，如图 4-26 所示。

提示词示例：

根据刚刚生成的推广文案重新创作，在保持主体内容不变的情况下，将社交媒体平台切换为【微信公众号】，新生成的内容要符合该平台的风格特点。

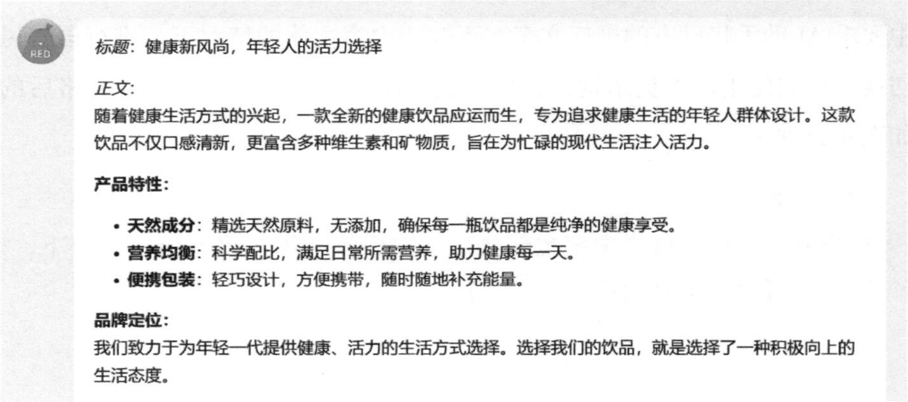

标题: 健康新风尚，年轻人的活力选择

正文:
随着健康生活方式的兴起，一款全新的健康饮品应运而生，专为追求健康生活的年轻人群体设计。这款饮品不仅口感清新，更富含多种维生素和矿物质，旨在为忙碌的现代生活注入活力。

产品特性:

- **天然成分**：精选天然原料，无添加，确保每一瓶饮品都是纯净的健康享受。
- **营养均衡**：科学配比，满足日常所需营养，助力健康每一天。
- **便携包装**：轻巧设计，方便携带，随时随地补充能量。

品牌定位:
我们致力于为年轻一代提供健康、活力的生活方式选择。选择我们的饮品，就是选择了一种积极向上的生活态度。

图 4-26 推广文案快速切换为"微信公众号"风格

上述示例采用不同的提示词对同一款产品生成了各种风格的推广文案，可以看出其生成的文案基本满足了用户要求的"小红书风格""幽默风格"和"微信公众号风格"，在保持主体内容和小标题相似的前提下，同时对整体文风以及表达方式都做了很多更改。读者可根据自己实际工作需要，多尝试一些不同文笔风格和不同社交平台之间的推广文案切换。

4.5 AI 演讲稿写作

本节为读者介绍如何使用 AI 助手快速生成一篇演讲稿。日常工作中演讲稿的创作门槛相对较高，因为除了演讲内容本身外，通常还要考虑观众的接受度、演讲词传递的情绪情感、场面的人数规模和互动性等因素。对于初入职场的新手，很难有丰富的现场经验，自然也很难写出符合特定场景、特定听众的演讲稿。AI 助手可以快速根据实际的场景需求创作一篇振奋人心的或娓娓道来的演讲稿，还可以通过提示词的调整，让生成的内容充分调动现场听众的情绪和共鸣。以百度文心一言为例，在一言百宝箱中可以搜索 "文稿" "演讲稿" "演讲词" 等关键字找到适合的提示词助手，如图 4-27 所示。

图 4-27　文心一言的演讲稿提示词助手

读者可以根据自己的需求输入提示词让 AI 自动生成该类型的演讲稿，例如使用图 4-27 中的 "撰写演讲稿"，文心一言将自动把如下提示词填写好。

> 提示词模板：
> 你是一位演说家，请围绕 "学会感恩" 这一主题写一篇面向高中生的演讲稿，请使用恰当的修辞手法，添加丰富的名人案例和自身经历，使语言生动有力，逻辑清晰明了，引人深思。请注意，演讲稿的内容应适合高中生的年龄层次和认知水平，同时要能够激发他们的共鸣和思考。

预置提示词的场景与日常工作不同，可以根据实际演讲主题继续修改，例如生成一篇公司产品发布会的演讲稿提示词如下，生成的演讲稿内容节选如图 4-28 所示。

> 提示词内容：
> 你是一位【产品发布官】，请围绕【引领未来科技，共筑智能生活】这一主题撰写一场面向【行业伙伴与消费者】的产品发布会演讲稿，请巧妙运用比喻、排比等修辞手法，穿插行业领袖的远见卓识与本公司产品的创新亮点，

确保语言热情洋溢、内容翔实且富有前瞻性，既能展现技术的卓越性，又能激发听众对未来智能生活的无限憧憬与参与热情。请注意【演讲稿应兼顾专业深度与大众理解度，旨在构建共鸣，激发合作与购买的欲望】。

开篇引入

在过去的一年里，全球科技领域迎来了前所未有的变革与挑战。我们深知，在这个日新月异的时代，唯有不断创新，才能引领潮流，满足用户日益增长的需求。因此，[公司/品牌名称]集结了行业最顶尖的技术团队与设计师，经过无数个日夜的研发与打磨，终于为大家带来了这款集科技、美学与实用于一身的[产品名称]。

产品亮点介绍

接下来，让我为大家详细介绍[产品名称]的几大亮点：

1. **创新技术，重塑体验**：[产品名称]搭载了最新的[技术名称]，这一技术革命性地提升了[具体功能或性能]，让用户在使用过程中享受到前所未有的流畅与便捷。我们相信，这将是行业的一次重大突破。

2. **极致设计，美学享受**：外观设计上，[产品名称]采用了[设计语言/材质]，不仅展现出了现代简约的美学风格，更在细节之处彰显匠心独运。每一处线条，每一份触感，都是我们对品质的极致追求。

3. **智能互联，未来生活**：在智能互联的时代，[产品名称]无缝对接了[具体生态系统/平台]，实现了设备间的互联互通。无论是智能家居控制，还是个性化服务推荐，都能让您感受到未来生活的无限可能。

图 4-28　AI 助手生成的"产品发布会"演讲稿（节选）

4.5.1　使用 AI 情景构建确定演讲风格

在上文生成产品发布会演讲稿的提示词中，其实对 AI 助手提出了一个特定的"情景"，也就是演讲稿要使用的场合以及听众的限定。通常 AI 助手提供的演讲稿助手都会区分不同的情景，例如对于百度文心一言，读者可以在如图 4-29 所示的情景中找到相应的写作助手。

图 4-29　文心一言提供的各类写作"情景"

　　用户在选定情景之后，只需要再明确地用提示词指定一些细节，就可以让 AI 助手快速生成演讲稿。例如可以使用如下提示词生成一份员工大会主持人的开场演讲稿，目的是进行优秀员工的表彰，生成的演讲稿节选如图 4-30 所示。

　　提示词内容：

　　你是一位主持人，请围绕"表彰卓越，共筑梦想"这一主题撰写一段面向公司员工大会的表彰环节开场白，运用鼓舞人心的言辞，穿插公司文化、优秀员工的事迹以及团队精神。

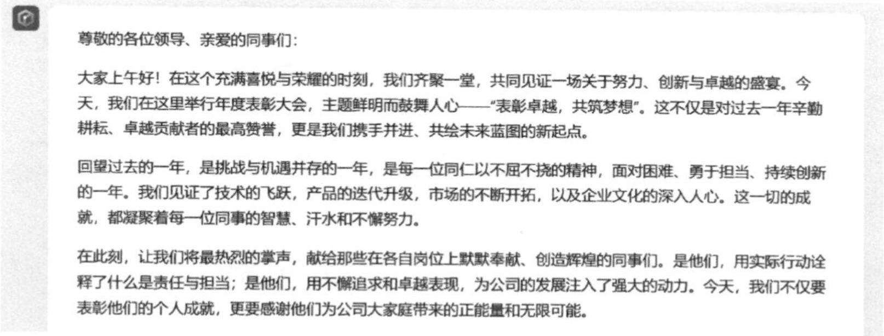

尊敬的各位领导、亲爱的同事们：

大家上午好！在这个充满喜悦与荣耀的时刻，我们齐聚一堂，共同见证一场关于努力、创新与卓越的盛宴。今天，我们在这里举行年度表彰大会，主题鲜明而鼓舞人心——"表彰卓越，共筑梦想"。这不仅是对过去一年辛勤耕耘、卓越贡献者的最高赞誉，更是我们携手并进、共绘未来蓝图的新起点。

回望过去的一年，是挑战与机遇并存的一年，是每一位同仁以不屈不挠的精神，面对困难、勇于担当、持续创新的一年。我们见证了技术的飞跃，产品的迭代升级，市场的不断开拓，以及企业文化的深入人心。这一切的成就，都凝聚着每一位同事的智慧、汗水和不懈努力。

在此刻，让我们将最热烈的掌声，献给那些在各自岗位上默默奉献、创造辉煌的同事们。是他们，用实际行动诠释了什么是责任与担当；是他们，用不懈追求和卓越表现，为公司的发展注入了强大的动力。今天，我们不仅要表彰他们的个人成就，更要感谢他们为公司大家庭带来的正能量和无限可能。

图 4-30　AI 助手生成的员工表彰大会开场演讲稿（节选）

4.5.2　使用 AI 感情升华法调动听众情绪

　　如果没有在提示词中加入演讲情感的要求，演讲稿通常会略显平淡而且充满了制式的套话。要想让 AI 助手创作一篇好的演讲稿，而且能够充分调动听众的情绪和共鸣，还需要用 AI 助手做一些感情的升华。具体使用方法是在上述提示词的基础上进行改写，改写后的提示词内容如下。

　　感情升华后的提示词：

　　你是一位主持人，请围绕"表彰卓越，共筑梦想"这一主题撰写一段面向公司员工大会的表彰环节开场白，运用鼓舞人心的言辞，穿插公司文化、优秀员工的事迹以及团队精神。**让现场氛围热烈而庄重，激励全体员工向榜**

样学习，携手共创辉煌未来。请确保内容既展现公司价值观，又能激发员工的归属感和奋斗精神。

在原本提示词的结尾加入了类似"现场氛围""激发归属感"等指令后，重新生成的演讲稿如图 4-31 所示。

"表彰卓越，共筑梦想"，这不仅仅是一句口号，也是我们企业文化的精髓，是每一位同仁心中不灭的火焰。在过去的一年里，面对市场的风云变幻和行业的激烈竞争，是我们的优秀员工们，用他们的智慧、汗水和不懈努力，为公司的发展注入了强大的动力。他们，如同星辰般璀璨，在各自的岗位上熠熠生辉，成为了我们学习的榜样，也是我们团队精神的生动诠释。

此刻，让我们将最热烈的掌声送给这些杰出的代表。他们之中，有的深耕技术研发，以创新的思维突破了一个又一个技术难关；有的扎根市场一线，以敏锐的洞察力和不懈的努力，为公司赢得了宝贵的市场份额；还有的，在后勤支持、行政管理等岗位上默默耕耘，为公司的平稳运行提供了坚实的保障。他们的事迹，是公司宝贵的财富，也是我们不断前行的力量源泉。

"独木不成林，单弦难成曲。"每一位优秀员工的背后，都离不开团队的协作与支持。正是有了这样一支团结一心、勇于拼搏的队伍，我们才能在激烈的市场竞争中立于不败之地。让我们以今天的表彰为契机，进一步弘扬公司文化，强化团队精神，携手并肩，向着更高的目标迈进。

图 4-31 进行了"感情升华"后 AI 助手生成的演讲稿（节选）

从生成结果上对比，新的演讲稿并不是仅仅将听众作为倾听主体，而是更注重与听众的情感互动，相比原有的演讲稿更容易调动听众的情绪引发共鸣。

第 5 章

应用 AI 助手快速制作 PPT

本章介绍如何高效使用 AI 助手快速制作幻灯片（以 PPT 格式为例），使用当前主流的两个 AI 大模型平台——讯飞星火和文心一言，制作一份团队工作计划汇报 PPT，读者可根据不同行业、不同职位的需要替换其中的提示词以生成符合特定办公场景要求的内容。

通常情况下，使用文字对话型的 AI 助手无法直接进行 PPT 的生成，因为目前的 AI 大模型技术主要基于"大语言模型"，侧重于生成文字内容。考虑到这一点，许多 AI 助手的产品在原本的文字生成能力之上，结合各类插件（Plug-in）和智能体（Agent），用来完成各类文字工作之外的任务。本章制作 PPT 所用到的 AI 助手，所指的就是该 AI 助手相对应的插件或智能体，比如讯飞星火中的"讯飞智文"和文心一言中的"百度文库 PPT 助手"，下文为了方便阅读统一使用 AI 助手的名称进行介绍。

由于不同 AI 大模型平台的 PPT 生成功能差别较大，本章在介绍 AI 助手快速制作 PPT 的整体流程的基础上，也会提到不同 AI 助手在同一任务下的不同表现，简要分析其侧重点和优劣，方便读者选择合适自己的工具。

本章要点：

- 快速找到适合制作 PPT 的 AI 助手

- 使用 AI 助手生成和调整 PPT 大纲
- 一键生成 PPT 并使用 AI 指令完善内容
- 在 AI 的帮助下让 PPT 图文并茂

5.1　制作 PPT 的 AI 插件和智能体

目前的 AI 助手通常使用两类方式引入 PPT 制作的功能，一类是在文生文的对话界面集成 AI 插件，例如讯飞星火对话界面下方的快捷入口；另一类是进入特定的 PPT 智能体的界面，例如文心一言的"智能体广场"和讯飞星火的"智能体中心"，如图 5-1 所示。

a) 文心一言"智能体广场"　　　　　b) 讯飞星火"智能体中心"

图 5-1　不同的 AI 助手提供的智能体界面

两类方式各有优缺点：插件方式的优点是可以让用户快速进入 PPT 生成的流程，缺点是在整个过程中无法为用户提供中间过程的内容和格式控制；智能体中特定的 PPT 助手则可以对 AI 生成的文字和配图进行较为精细的定制和调整，缺点是用户需要具备一定的 AI 助手使用经验才能更好地发挥智能体的作用。本章后续内容对这两种方式会进行详细的介绍和说明。

5.2 使用 AI 快速生成 PPT 提纲

快速生成 PPT 提纲需要从正确的入口进入 AI 助手的特定功能，以讯飞星火为例，从首页左下角的"智能体中心"进入，可以看到，AI 助手推荐的用于制作 PPT 的智能体——"讯飞智文"在首页最显眼的位置。如果在智能体推荐首页中没有找到，可以在进入"智能体中心"后，用位于右上角的搜索功能直接搜索"讯飞智文"找到这个用来制作 PPT 的智能体，如图 5-2 所示。

图 5-2　讯飞星火的 PPT 智能体为"讯飞智文"

进入"讯飞智文"后，可以看到其使用界面与常规的文生文对话界面没有太大区别，只是在界面上方多了智能体的名称"讯飞智文"，同时提供了一句话简要介绍该智能体，也提供了若干快捷提示词作为示例（如图 5-3 所示）。

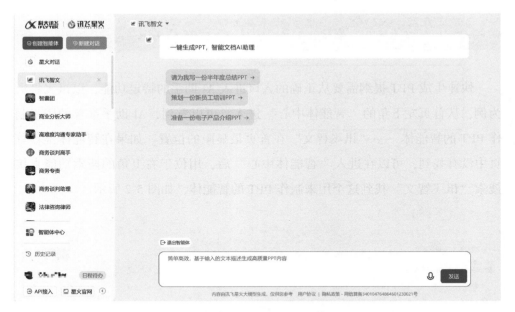

图 5-3　智能体"讯飞智文"的使用界面

5.2.1　重要的"任务触发"提示词

找到了制作 PPT 的智能体后，开始生成 PPT 大纲之前还需要注意"任务触发"提示词。例如，在制作一份"团队工作计划"的 PPT 时，如果只是用普通的提示词【团队工作计划】，只能得到"团队工作计划"的文字介绍，而不是期望中的 PPT，如图 5-4 所示。

这是由于在单纯使用提示词【团队工作计划】的时候，讯飞星火并没有调用智能体制作 PPT 所需的 AI 大模型"插件"，这也导致 AI 助手生成的内容与普通的 AI 问答并没有区别，在这种情况下无法顺利制作 PPT 格式的文件。

因此在使用讯飞星火的智能体进行 PPT 制作时，需要使用一个简单的提示词指令来触发 PPT 生成的功能。

图 5-4 普通提示词的输出为文字介绍

提示词模板：

生成一份【XXX】的 PPT，要求是【XXX】

根据应用场景的不同，可以使用类似以下提示词进行 PPT 生成，如图 5-5 所示。

图 5-5 使用"任务触发"提示词生成的 PPT 大纲

提示词内容：

生成一份【工作述职】的 PPT，要求是【向上级汇报本月的项目进度】

生成一份【财务预算】的 PPT，要求是【分析部门支出并提供年度财务预算】

生成一份【教学计划】的 PPT，要求是【完成本科计算机专业第一学年的专业课程培养】

经过简单的提示词改造，AI 助手在生成回答前，会首先分析提示词中是否含有需要生成 PPT 的任务，之后自动调用"智能 PPT 生成"的插件，快速形成所需的 PPT 大纲；在大纲生成后，讯飞星火也会提供跟 PPT 相关的操作选项如"编辑""一键生成 PPT"以便用户执行下一步任务。

5.2.2   使用讯飞星火生成团队工作计划 PPT 大纲

为方便后续 PPT 生成功能的介绍，这里先使用以下示例提示词完成一份 PPT 大纲的生成，生成结果如图 5-6 所示。

提示词内容：
生成一份【团队工作计划】的 PPT，要求是【根据该计划能完成产品推广和销售任务】

图 5-6   使用讯飞星火 PPT 插件生成的"销售团队工作计划"

由于该提示词正确的触发了讯飞星火中"智能 PPT 生成"的插件，因此输出了期望中的 PPT 标题和大纲，如下所示：

根据您提供的信息，以下是为您初步创建的 PPT 大纲。您可以自由地对其进行编辑和调整，或者直接参考这个大纲生成 PPT 演示文稿。

主标题： 团队工作计划：产品推广与销售

副标题： 完成产品推广和销售任务的战略规划

团队概述

- 团队成员介绍及职责分配
- 团队核心价值观和目标
- 团队建设的重要性

销售策略规划

- 分析同季度竞争产品的销售情况
- 消费者评价分析
- 市场费用投入情况分析

销售流程与合同管理

- 设计销售流程和合同模板
- 规范销售过程

客户关系维护

- 老客户的保持联系策略
- 新客户拓展策略

培训与发展计划

- 招募符合公司要求的销售人员
- 设计销售培训计划，包括产品知识、销售技巧和沟通能力等

绩效监控与激励措施

- 设定销售目标和关键绩效指标（KPI）
- 实施激励措施以提升团队士气和动力

风险管理与应对策略

- 识别潜在风险并制定相应对策
- 定期评估风险并调整应对策略

在简单的提示词引导下，AI 助手生成了一套完整的 PPT 大纲，包含主标题、副标题以及一级标题和二级标题，在后续内容中也将介绍如何精细调整大纲中标题的内容和顺序。

5.2.3　使用 AI 生成提纲的注意事项

需要特别注意的是，使用讯飞星火制作 PPT 的功能时不要加多余的提示词，因为这里的 AI 插件使用的是"任务触发"的机制，过多的或过于复杂的提示词反而会干扰 AI 助手的判断，导致插件触发失败。

5.3　调整 AI 生成的 PPT 分段内容

虽然有了 PPT 的大纲，但在生成 PPT 格式的文件之前，还需要根据需求精细调整大纲的内容，编辑大纲的功能入口如图 5-7 所示。

图 5-7　可以使用"编辑"功能修改 PPT 大纲

可以注意到，在已经生成的 PPT 大纲底部，讯飞星火的 AI 助手提供了两个可用的操作选项，分别是"编辑"和"一键生成 PPT"。虽然此时可以直接点击"一键生成 PPT"快速生成 PPT，但为了生成更符合特定要求的内容，强烈建议读者在生成 PPT 前先使用"编辑"功能。

5.3.1　整体编辑 PPT 大纲

讯飞星火提供非常便捷的 PPT 大纲修改的功能，可以自由修改主标题、副标题、章节一级标题、二级标题，也可以对标题进行顺序的调整，如图 5-8 所示。

图 5-8　讯飞星火的 PPT 大纲编辑功能

5.3.2　修改 PPT 大纲和调整章节顺序

作为示例说明，这里将副标题修改为"充分利用自媒体优势宣传产品并转化销售"，同时将相关度不大的"团队建设"和"风险管理"的相关内容删除，将比较重要的"绩效监控与激励措施"相关的内容移动到靠前的第 2 章的位置，修改后的 PPT 大纲如图 5-9 所示。

图 5-9　修改后的 PPT 大纲

5.3.3　使用自定义的 PPT 大纲

如果感觉上述操作过于烦琐，讯飞星火的 AI 助手也提供更为便捷的方式允许将已有的文字版 PPT 思路，快速转化为 PPT 大纲，并根据内容自动生成相关的 PPT 文档。

这种使用方式，需要将前文提到的提示词进行一定的修改，例如在前文【财务预算】的提示词基础上，直接修改为如下内容。

> 把下列内容制作成 PPT：
>
> 收入预算：
>
> 预测企业在未来一段时间内可能获得的各种收入，如销售收入、投资收益、政府补贴等。
>
> 支出预算：
>
> 预测企业在未来一段时间内可能发生的各种支出，如生产成本、销售费用、管理费用、研发费用等。

投资预算:

预测企业在未来一段时间内可能进行的各种投资项目,如购买设备、扩建厂房、投资新项目等。

融资预算:

预测企业在未来一段时间内可能需要的融资需求,如借款、发行股票、债券等。

现金流量预算:

预测企业在未来一段时间内的现金流入和流出情况,以确保企业有足够的现金支付日常运营和投资所需。

利润预算:

根据收入预算、支出预算和投资预算,预测企业在未来一段时间内的净利润和利润率。

资产负债表预算:

预测企业在未来一段时间内的资产、负债和所有者权益的变化情况。

输入的自定义内容和"讯飞智文"生成的 PPT 大纲如图 5-10 所示。

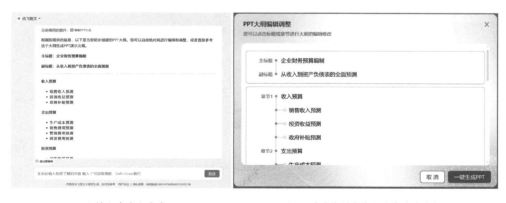

a) 输入自定义内容　　　　　　　　b) AI 助手按照自定义内容生成大纲

图 5-10　使用自定义的 PPT 大纲

讯飞星火的智能体同样会自动调用"智能 PPT 生成"的插件,不一样的是,这次生成的大纲内容并不是完全由 AI 助手自动生成的,而是根据提示词中给出的文字内容，进行了智能改写以符合生成 PPT 的大纲，再输出完整的大纲内容，其总体的章节内容与提示词是严格对应的。当然，用这种方式生成的 PPT 大纲依然可以继续使用前文提到的方法继续编辑和修改。

5.4　使用讯飞智文一键快速生成 PPT

使用编辑功能，将 AI 助手生成的或基于自定义大纲改写后的内容调整至满意，再点击"一键生成 PPT"，讯飞星火将会开始解读大纲并生成对应的 PPT 页面，整个过程通常会持续十几秒到一分钟不等，取决于大纲的长度。当 PPT 生成结束后，页面将会跳转至讯飞星火用于制作 PPT 的单独页面，也就是"讯飞智文"的 PPT 编辑界面，如图 5-11 所示。在这个新的页面中，使用者可以查看或者继续编辑已经生成的 PPT。

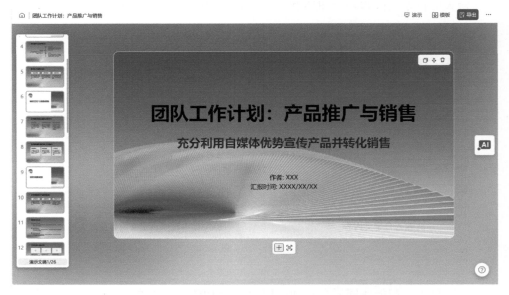

图 5-11　生成后自动跳转"讯飞智文"的 PPT 编辑界面

5.4.1　预览和导出 AI 生成的 PPT

查看 PPT 的内容可以看到，除了副标题已经按照要求修改为了"充分利用自媒体优势宣传产品并转化销售"，移动后的"绩效监控与激励措施"正确地出现在了第二章的位置，其他的大纲调整也分别体现在了生成的 PPT 内容中，如图 5-12 所示。

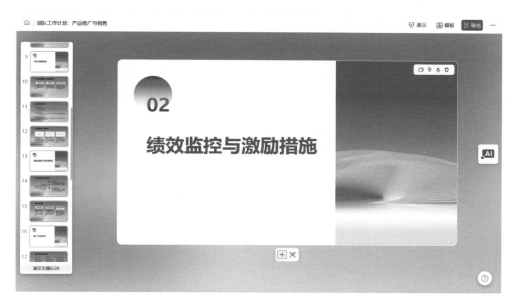

图 5-12　生成的 PPT 内容和修改后的大纲保持一致

作为可快速获取成品 PPT 的 AI 助手，讯飞星火在智能体界面的右上角提供了"导出"功能，可以将生成好的 PPT 直接下载到本地，或者在线保存到用户的个人空间中，以便在多个设备间访问和编辑。

5.4.2　使用 AI 助手快速切换 PPT 风格

在继续调整 PPT 内容前，可以选取不同的模板主体以获得多变的 PPT 风格。讯飞星火在右上角提供了"模板"功能，并内置了多种主题，以便轻松在多个颜色风格间快速切换，AI 助手将智能地调整 PPT 的颜色、背景、风格，如图 5-13 所示，整体风格从蓝色系切换为绿色系。

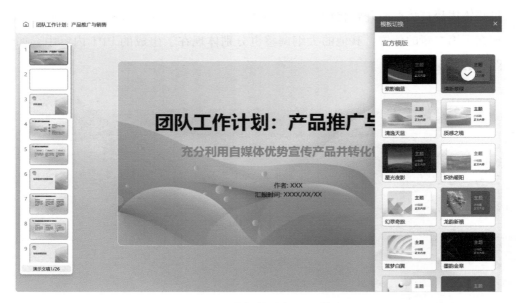

图 5-13　风格切换后的 PPT 样式

5.5　使用智文 AI 撰写助手完善 PPT

　　在讯飞星火 AI 助手的 PPT 编辑页面右侧，用 "AI" Logo 的浮动按钮提供了一个非常实用的内嵌 AI 工具——"智文 AI 撰写助手"，点击浮动按钮后打开的 "智文 AI 撰写助手" 操作台如图 5-14 所示。

　　智文 AI 撰写助手提供了常用的文字工具，可以方便地调整 PPT 内容，例如对文案的润色、扩写、翻译、缩写、拆分、总结、提炼、纠错、改写等。其中最常用的三个功能分别用快捷指令的方式做成了简短的提示词。

图 5-14　"智文 AI 撰写助手"的操作台

5.5.1　巧用 AI 撰写助手扩充 PPT 内容

以上文制作的 PPT 中的一页"招募符合公司要求的销售人员"为例，由于内容是 AI 快速生成的，所以略显单薄，我们希望能对这一页的三个部分"确定招聘标准""开展招聘活动""面试选拔流程"分别进行一定的扩展，使用 AI 撰写助手可以轻松完成这个任务。待扩充的原本 PPT 内容如图 5-15 所示。

先点击右侧的 AI Logo，展开"智文 AI 撰写助手"的操作台，再选中希望 AI 助手详细扩写的内容："根据公司产品和销售策略，明确销售人员的必备技能、经验和素质要求，确保招募到适合的人才。"该文字段落会自动填写到操作台右下角的文本框中，并自动在提示词中加入了"改写文本"的指令，如图 5-16 所示。

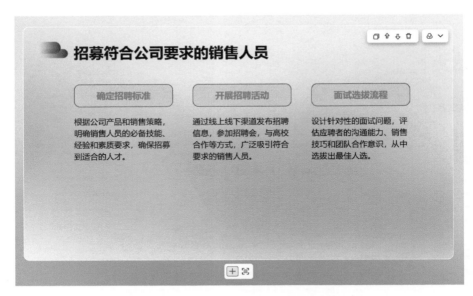

图 5-15　未进行 AI 扩充的原 PPT 内容

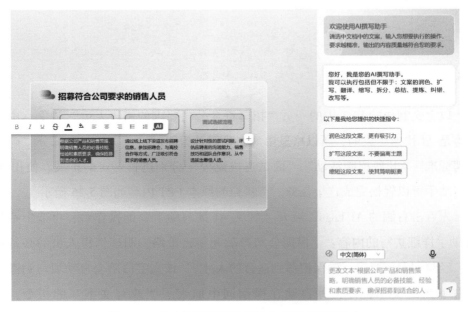

图 5-16　选中的扩写内容将被自动填充至操作台

直接点击操作台中的快捷指令"扩写这段文案，不要偏离主题"，经过短暂的处理，AI 助手便完成了扩写任务，并直接用新的内容替换了原有的文本。新生成的文本内容如下：

根据公司产品特性和市场定位，明确销售人员需具备的产品知识、市场分析能力及客户沟通技巧。同时，注重候选人的销售经验、团队合作精神和压力管理能力，确保其能迅速融入并推动销售目标的实现。

和之前内容相比，新的内容更为详细的解释说明了"确定招聘标准"小标题下的工作内容。同时 AI 撰写助手也提供了"新文本"和"原文本"的选项（如图 5-17 所示），如果对扩写生成的内容不满意，也可以还原为原来的文本内容。

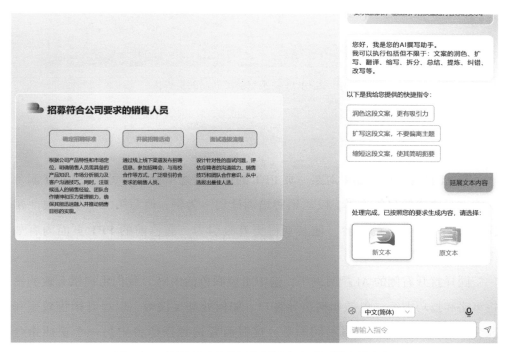

图 5-17　扩写后可以选择使用新文本或还原为原文本

使用类似的方式，可以将整页 PPT 内容进行快速的扩写。和之前的 PPT 内容相比，整体扩写后的内容更为翔实，经过 AI 助手完整扩写后的页面内容如

图 5-18 所示。

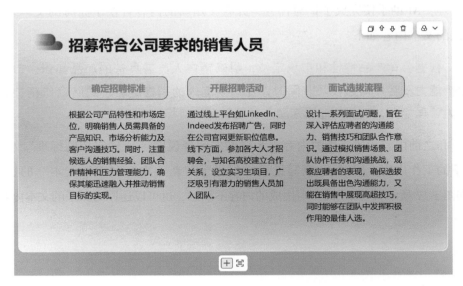

图 5-18　使用 AI 助手完整扩充后的页面内容

5.5.2　组合使用 AI 指令润色 PPT 内容

与 AI 扩写类似，如果对某一页 PPT 的内容表述不满意，可以使用 AI 润色功能进行快速的润色改写。以"销售培训计划"为例，改写第二个小标题"销售技巧提升"下方的内容，使其变得更有吸引力。润色前的 PPT 页面内容如图 5-19 所示。

同样打开右侧的 AI 撰写助手，选中希望润色的内容"我们将提供有效的销售策略和技巧训练，包括如何引导客户、如何处理反馈等，以提升销售效率和成交率。"，与上文的扩写不同的是，这时需要选择操作台中另一个快捷指令"润色这段文案，更有吸引力"，组合使用的效果如图 5-20 所示。需要说明的是，不同的指令可以组合多次使用，比如这里可以先使用扩写指令，再进行润色改写，以获得更好的效果。

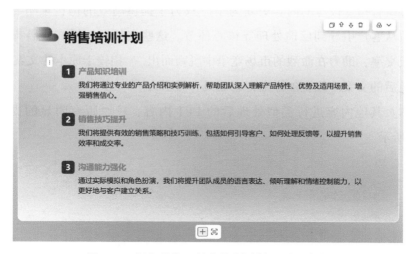

图 5-19　润色前的"销售培训计划"页面内容

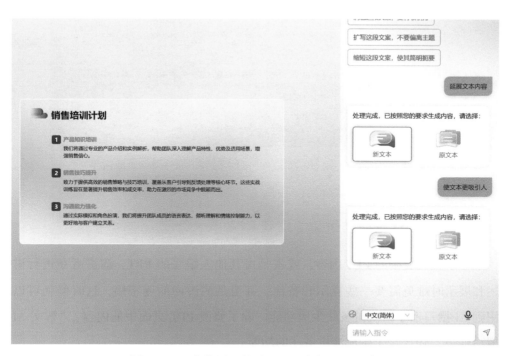

图 5-20　组合使用"扩写"和"润色"AI 指令

经过组合指令改写的内容更新为了"致力于提供高效的销售策略与技巧培训，覆盖从客户引导到反馈处理等核心环节。这些实战训练旨在显著提升销售效率和成交率，助力在激烈的市场竞争中脱颖而出。"相较于原本的文案，经 AI 助手润色后的文案不仅更加详细，也更具有吸引力。

将本页其他内容进行类似处理后的 PPT 内容，较原版有明显的提升，如图 5-21 所示。

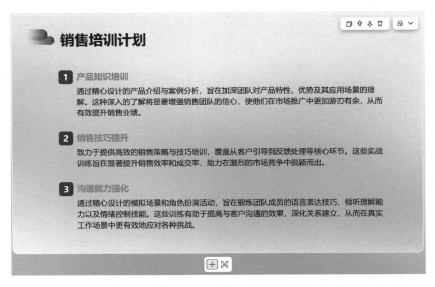

图 5-21　完整组合使用 AI 指令后的"销售培训计划"页面内容

5.5.3　使用 AI 撰写助手自动生成 PPT 演讲备注

对于较为复杂的 PPT 内容，或者是由其他人编写的 PPT，演讲者在进行讲述和展示时难免需要一些提示和备注，甚至是演讲词的逐字稿，这时候就可以用到 AI 撰写助手的演讲备注生成功能。除了修改 PPT 页面中的内容，"智文 AI 撰写助手"还提供了生成演讲备注的功能。

该功能位于当前 PPT 页面的下方，点击可以展开相应的演讲备注文本框，文本框的右侧提供"AI 生成"的按钮，点击即可使用（如图 5-22 所示）。这里选取 PPT 中的一页"设计销售流程和合同模板"，让 AI 助手对这一页的内容进行总结，同时帮助生成对应的演讲备注。

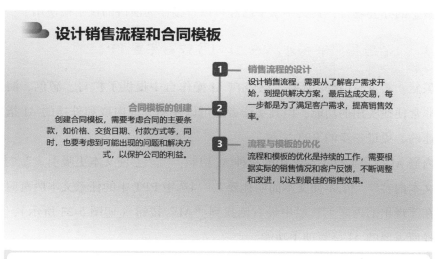

图 5-22　展开 PPT 下方的演讲备注后可以直接使用"AI 生成"

在 AI 生成的演讲备注中，并不是直接照抄原本 PPT 中的文字内容，而是从文字上进行了符合逻辑的口语化演讲词改造，使整体的文字风格更适合于演讲人进行讲述而不是枯燥的"念稿"。在内容方面，除了中间的主体对整页 PPT 进行了介绍，还在开头和结尾加入了部分 PPT 原稿中没有的内容，使之更符合一个演讲的场合。

例如在演讲备注的开头部分，AI 助手加入了一段话阐述本页 PPT 的重要意义，提纲挈领，在结尾的部分，加入了对本页 PPT 内容的强调和总结，这就使得整个备注的文字效果更加偏重于现场的演讲和线下讲解，对于要求不高或者时间紧急的办公场合，其文字水平已经可以直接作为演讲的逐字稿使用。

5.5.4　灵活应用内嵌和外部的 AI 指令改写完善 PPT

虽然"智文 AI 撰写助手"已经在 AI 操作台中提供了扩写、润色、演讲备注等非常便捷实用的功能，但其实读者还可以使用其他内嵌和外挂的 AI 指令进行快速的、更进一步的 PPT 完善。

内嵌 AI 指令提供了最常用的三种 AI 功能："润色-使文本更吸引人""扩写-延展文本内容""精简-使文本简明扼要"，当选中 PPT 中的任意文本段落时，都可以在浮现出的内嵌工具栏中最右侧找到"AI"按钮（如图 5-23 所示），方便地选择所需要的 AI 撰写助手功能。

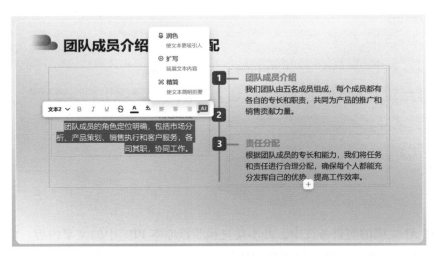

图 5-23　选中文字后会浮现内嵌的 AI 指令

以"团队成员介绍及职责分配"这一页中的内容为例，其中第一部分内容也就是"角色定位"的内容表述较为单调，可以选中这一段文本，点击"AI"

按钮展开命令列表，使用上文提到的方法组合使用 AI 助手提供的"润色"和
"扩写"功能，进行 PPT 细节的快速完善，使用后效果如图 5-24 所示。

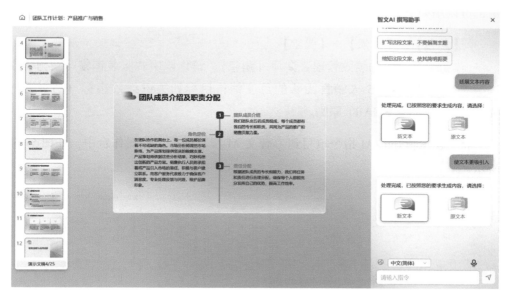

图 5-24　使用内嵌 AI 指令可以达到相同的 AI 改写功能

使用内嵌的 AI 指令和在右侧控制台进行操作的效果是相同的，但使用起来
更为方便快捷。经过组合的 AI 指令改写，原本简单的"角色定位"段落已经丰
富成了如下内容：

在团队协作的舞台上，每一位成员都扮演着不可或缺的角色。市场分析
师深挖市场脉络，为产品策划提供坚实的数据支撑。产品策划师依据这些分
析结果，巧妙构思出创新的产品方案。销售执行人员则承担着将产品引入市
场的重任，积极与客户建立联系。而客户服务代表致力于确保客户满意度，
专业处理反馈与问题，维护品牌形象。

除了内嵌 AI 指令，还可以使用丰富的外部指令（提示词）进行 PPT 的改写
完善。由于本质上 AI 指令也属于提示词的一种形式，所以常规性的提示词技巧
大部分都可以用于在 PPT 的内容改写时作为外部 AI 指令执行。

例如在"设定销售目标和关键绩效指标（KPI）"这一页，如果希望不仅仅执行"润色""扩写""缩写"等常规指令，而是根据具体行业进行 KPI 设定，可以用如下方式设计 AI 指令：

【角色】+【背景】+【要求】

作为一名专业的绩效管理咨询师（角色），请你以中式服装销售行业为例（背景），设定一个 5 人销售团队的月度销售目标和关键绩效指标（也就是 KPI），要求符合 SMART 原则。

将上述编辑好的 AI 指令填写到"智文 AI 撰写助手"的操作台中，如图 5-25 所示。

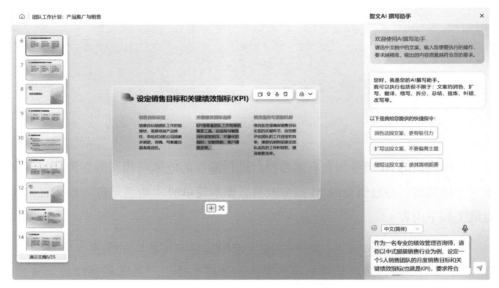

图 5-25　操作台中可以填写任意的外部 AI 指令

在控制台右下方输入上述 AI 指令并执行后，原本在 PPT 中选中的文字内容将按照新的指令要求改写如下：

在中式服装销售行业中，对于一个 5 人的销售团队，我们可以设定以下月度销售目标和关键绩效指标（KPI），以确保符合 SMART 原则：

1. 销售目标：实现月销售额达到 100 万元。

2. KPI1：每个销售人员每月需完成 20 万元的销售额。

3. KPI2：客户满意度评分达到 4.5 分以上（满分为 5 分）。

4. KPI3：每月新增客户数量达到 50 个。

5. KPI4：每月回访老客户次数不少于 20 次。

6. KPI5：每月参加行业展会或活动至少 2 次，以扩大品牌知名度和吸引潜在客户。

这些目标和 KPI 旨在激励团队成员努力工作，提高销售业绩，同时关注客户满意度和市场拓展。通过定期评估和调整，我们可以确保团队朝着既定目标前进，并持续改进绩效。

改写后的内容基本符合在 SMART 框架原则下的团队 KPI 设定，也就意味着 AI 助手充分理解了此处提供的外部 AI 指令，在执行过程中输出了期望中的结果。

5.5.5 结合提示词技巧扩展 PPT 的 AI 能力

无论是讯飞星火制作 PPT 的智能体、插件还是撰写助手，其本质上都是使用了讯飞星火大模型提供的语言能力和任务处理能力。因此在本书提到的基础和高级的提示词技巧都可以应用在 PPT 的制作过程中，在快速生成 PPT 后，不断改进、优化以获得更好的质量。其中最重要的方法就是结合前述章节介绍的"提示词技巧"打造适合的"外部 AI 指令"。常用的外部 AI 指令和使用场景如表 5-1 所示，读者可根据具体情况进行尝试和实践。

表 5-1 常用的外部 AI 指令和使用场景

使用场景	提示词模板	AI 指令示例
细节补充	请根据【报告】内容，补充相关的细节信息，使【报告】更加详尽	请补充报告编制过程中遇到的挑战、团队成员的具体贡献以及报告的主要亮点，使报告更加详尽

（续）

使 用 场 景	提示词模板	AI 指令示例
改变文风	请将以下文本的文风改为【文风类型】，使其更适合【场合/目的】	请将文本改为商务正式文风，以便在董事会报告中使用
举例说明	请为【以下观点】提供一个具体的工作实例，以便【更好地阐述其有效性】	请提供一个跨部门合作的成功案例，包括合作的过程和最终成果，以便更好地阐述其协作性
观点拆分	请将【以下观点】拆分为几个小点，以便更清晰地进行分析	请将观点拆分为至少三个具体策略或行动点
总结内容	请用简洁的语言概括【以下报告】的主要内容	请用不超过三句话概括报告的核心内容
立意提升	请将【文件】的立意提升一个层次，使其更具【战略性和前瞻性】	请将报告内容提升至公司长期发展战略的高度，并说明其对行业趋势的影响
事实佐证	请为【文档】中的观点提供相关的事实或数据，以增强其说服力	请提供市场调研数据或行业报告，以支持新营销策略对市场份额的预期提升

5.6 使用 AI 文生图让 PPT 图文并茂

在使用 AI 助手进行 PPT 生成的过程中，是否同步生成页面中的配图这一功能，在不同的平台有不同的表现。以讯飞星火为例，在使用"智能 PPT 生成"插件快速制作 PPT 后，会发现文件中的图片是以占位符的形式出现，需要用户通过额外的操作进一步生成所需图片；而在文心一言的"PPT 助手"智能体中，生成的 PPT 文件则是自带配图。

客观上评价的话，两种方式各有优势：文心一言的"PPT 助手"更符合"傻瓜式"AI 助手的设计思路——用户只需要输入一句话，其他的事情统统交给 AI 助手；讯飞星火的 PPT 生成方式乍一看相对复杂，但其实在真实场景的使用中，具有更大的自由度，因为用户可以根据实际生成和改写完善后的 PPT 文字内容，定制化地自动生成更有契合度的图片，在接下来的章节以讯飞星火的 AI 助手为例，介绍如何让 AI 生成的 PPT 变得图文并茂。

5.6.1　直接使用 AI 填充 PPT 图片占位符

在讯飞星火生成的 PPT 中，从操作界面直接选取需要生成图片的页面，这里以"市场费用投入情况分析"为例，点击其中一张图片占位符的"编辑图片"后 AI 助手不会打开传统的图片编辑而是会展开"AI 文生图"的操作台，如图 5-26 所示。

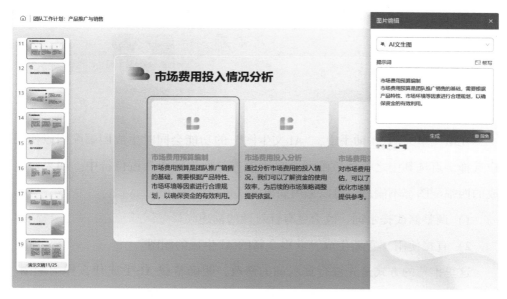

图 5-26　讯飞星火 AI 助手中的"AI 文生图"操作台

虽然需要手动操作生成图片，较为复杂，但在"提示词"的输入框中其实会自动将所选图片对应的文案内容填充好，最大限度地简化了用户的操作。对于自动填写的提示词，可以进行任意修改，并不会影响已有 PPT 原本的文案内容。如果无须对提示词内容进行修改，可以直接在操作台中使用"生成"功能获得相应提示词的图片，选定图片并替换后的效果如图 5-27 所示。

图 5-27　使用 PPT 文本作为提示词直接生成配图并替换

　　在讯飞星火的 AI 助手中，"AI 文生图"的功能会同时生成四幅配图以便用户选择，点选其中之一后该配图会自动填充至原先的图片占位符中。如果对生成的四幅配图都不满意，可以采用如下方式进行调整：

　　1）调整修改提示词，改为更有针对性的描述。

　　2）直接使用"重新生成"获得全新的 AI 生成的配图。

　　这里推荐的方式是先进行提示词的修改，明确希望 AI 生成什么样的配图，再进行"重新生成"。原因在于大模型文生图的资源消耗通常较大，当前的 AI 助手平台通常都只会提供有限的生成次数，单纯的重复"摇骰子"的方式生成图片可能无法获得满意的效果，却将文生图次数消耗殆尽；另外一个原因是，根据相同的提示词生成的图片，所具备的和欠缺的画面元素也是相似的，因此很难在连续的生成中获得非常满意的图片效果。

　　使用"AI 文生图"全部替换"市场费用投入情况分析"页面的配图后，效果如图 5-28 所示。

图 5-28   使用 PPT 内容经过 AI 文生图快速替换后的页面

在对配图要求是仅需提供"示意"效果的时候，经过一两次简单提示词的调整和重新生成即可获得较为符合的 PPT 配图。对于文生图的提示词，其实有专门的格式和描述技巧，但由于 PPT 配图并不要求极致的"精确性"或"影视级"，因此在这里使用普通的语言描述清楚所需的图片内容即可。

5.6.2 让 AI "帮写"文生图提示词

在上一步直接使用"AI 文生图"进行图片生成和占位符填充的过程中，也有一些特殊情况多次生成配图依然不理想，此时对提示词的修改也无从下手。这时候就需要用到讯飞星火 AI 文生图的提示词助手——"AI 帮写"，这个实用功能也已经集成在了控制台中，就在提示词输入框的右上角，如图 5-29 所示。

同样，以"新客户拓展策略"这一页 PPT 为例，选取其中一张图片的占位符，展开"AI 文生图"的操作台后，点击提示词编辑框上方的"帮写"功能。原本的自动填充"客户群体定位"相关的普通描述，就会变为适用于 AI 文生图的提示词：

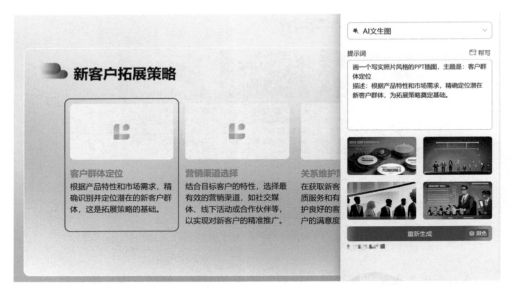

图 5-29　操作台的右上角提供 AI "帮写" 功能

画一个写实照片风格的 PPT 插图。

主题是：客户群体定位。

描述：根据产品特性和市场需求，精确定位潜在新客户群体，为拓展策略奠定基础。

与之前直接生成图片的提示词最大的不同点在于，"AI 帮写" 会将普通提示词变为如下模式：

画一个【XXX 风格】的 PPT 插图。

主题是：【XXXXX】，描述：【XXXXX】。

在生成不同的配图时，原理上只需要修改提示词模板中括号中的内容，就可以获得符合要求的文生图内容，通过快速的 "AI 帮写" 并生成、替换配图后的 PPT 页面效果如图 5-30 所示。

图 5-30　使用 "AI 帮写" 的提示词生成的 PPT 配图

　　因为 "AI 帮写" 的生产速度很快，而且能很大程度提高生成的图片质量，所以建议在每次使用 AI 助手制作 PPT 进行图片生成的时候，都可以使用 "AI 帮写" 润色文生图的提示词，可以更加快捷地获取满意的 PPT 配图，轻松实现让 PPT 图文并茂的目标。

第 6 章

应用 AI 助手快速完成办公任务

本章介绍如何高效使用 AI 助手快速完成各类办公任务。在 AI 平台产品的选取方面，将综合使用在前文提到过的文心一言、智谱清言、讯飞星火、通义千问、月之暗面 Kimi 和字节跳动豆包，目的是尽可能多地展示不同 AI 助手各自擅长的应用场景。读者可根据不同行业、不同职位的需要选择适合的 AI 助手（以及包含的插件和智能体）完成特定要求的办公任务。

本章选取的办公任务涵盖面很广，从图文翻译到智能邮件编写，从思维导图的自动生成到个人日程计划表的快速制作，从总结会议纪要到快速阅读网页，都可以通过 AI 助手协助完成，节省时间并提高工作质量，让烦琐的任务变得快捷而高效。

受篇幅所限，本书无法做到详细列举所有的办公场景，但使用 AI 助手进行智能办公的一个宗旨就是用智能化工具为职场人士提供更为清晰的思路和更高效的工作方式，在具体的实操过程中如果遇到本书未提及的情景，读者可根据本书第三章介绍的通用的提示词的技巧自行设计和扩展 AI 助手的能力。

本章要点：

- 用 AI 助手快速进行图文翻译
- 智能邮件编写和回复
- 自动生成思维导图、日程表、流程图
- 会议录音、视频快速总结
- 网页智能辅助阅读

6.1 用 AI 快速进行图文翻译

图文翻译是各大 AI 助手的常用功能,使用的方式也并不唯一,可以在 AI 助手的对话界面集成的 AI 插件中找到"图片"相关的应用,直接上传图片并输入提示词让 AI 助手进行翻译,也可以通过特定的智能体完成上述任务。例如讯飞星火的提示词输入框上方提供了集成的 AI 插件"图片",百度文心一言则是在智能体广场提供"说图解画"的智能体,二者使用相同的图文翻译后效果对比如图 6-1 所示。

a) 讯飞星火AI插件"图片"完成的翻译结果

b) 百度文心一言智能体"说图解画"的图文翻译结果

图 6-1 不同 AI 助手提供的翻译功能

提示词示例：

【将图片内容翻译成中文】

上述示例中输入的照片是相同的英文工作汇报总结（原文略），通过输入一句简单的提示词，**AI** 助手就可以快速地对图片中的英文进行翻译。翻译完成后，用户还可以检查翻译结果，并对结果进行编辑和调整。值得注意的是，虽然使用了同样的提示词和同样的图片内容，但不同的 **AI** 助手对图片的处理和理解并不相同，在本例中讯飞星火只是将图片中的文字翻译成中文，而文心一言将翻译结果的格式和文字都进行了修饰，二者并无优劣之分，读者可根据自身办公需要自行选择合适的 **AI** 助手。

6.1.1   使用讯飞星火快速翻译图片中的文字

本节开头提到，图文翻译是相对常用的功能，所以使用入口也比较多，上文使用讯飞星火做图文翻译的时候直接在提示词输入框的插件中上传了图片，其实讯飞星火也提供了类似文心一言"说图解画"的智能体，只需要从讯飞星火首页左下角的"智能体中心"进入，搜索"快速翻译图片中的文字"，就可以看到 AI 助手推荐的用于翻译图文的智能体——"智能翻译"在首页最显眼的位置，如图 6-2 所示。

图 6-2   搜索后排序第一个智能体即为"智能翻译"

进入"智能翻译"后将显示一个对话框，点击对话框中左侧的"图片翻译"，将需要翻译的图片插入对话框中或者直接拖入，选择图片内容的语言（英语）和希望翻译的语言方向（中文），操作对话框和上传的图片如图 6-3 所示。

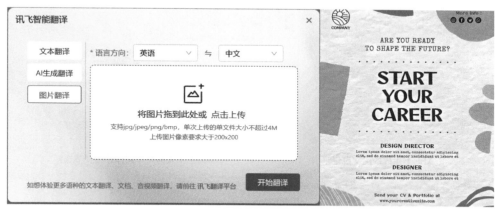

a) 智能翻译的操作对话框　　　　　　　　　　　b) 需要翻译的图片

图 6-3　讯飞星火智能体"智能翻译"的使用方法

示例中提高了翻译的难度，没有使用单纯的黑白文字图片，而是选取了一份非常复杂的海报，不仅包含了丰富的色彩和图形，文字的字号和字体也各不相同，可以最大限度地展示 AI 助手在图文翻译方面的能力，具体的翻译结果在接下来的图文翻译总结中一并说明。

6.1.2　使用 AI 翻译并总结图片内容

有时除了直接翻译图片中的文字，有些工作场景还需要对图片中的内容进行总结和分析，例如在上述操作进行图文翻译的同时，除了获得一份 AI 助手生成的图片翻译结果，还可以在结果的基础上继续输入提示词，让 AI 助手总结内容。生成的翻译结果和总结如图 6-4 所示。

提示词示例：
【翻译并总结图片内容】

a) AI助手生成的图文翻译　　　　　　　b) AI助手生成的图片翻译总结（节选）

图 6-4　AI 助手生成的图文翻译和总结

图片内容如下：

这是一张图像，顶部有"COMPANY"字样的标识，下方写着……在它下方是……图像下半部分列出了两个职位……，分别代表设计总监和设计师职位。每个职位下方都有拉丁文占位文本……最底部有一个网址链接……（省略）

图片总结：

这张图片是一份职业发展广告，主要目的是吸引和招募设计人才……列出了两个职位——设计总监和设计师……整体设计风格简洁现代……（省略）

为了方便给读者分析 AI 助手的翻译效果，摘录部分重点内容。在直接的翻译结果中（图 6-4a）AI 助手直接将海报原图进行了"中文版复刻"，不仅翻译了文字，同时还尽可能将文字保持在了原有的位置上，非常方便使用者进行和原图对比查看。图文总结的内容也是分为了两个部分，AI 助手先总结了原图片的内容，并用准确的方位词如"顶部""下方""下半部分列出""每个职位下方""最底部"对图片进行了详尽的描述，而且正确地理解了其中的拉丁文"占位文本"；此外对于翻译后的图文也进行了总结，正确识别了这张海报是一份

"职业发展广告"，设计的作用是"吸引和招募设计人才"，并且还在列出招聘岗位的同时，进行了海报整体的实际风格分析如"简洁现代"。可以说 AI 助手真正做到了看懂后思考并给出详细分析结果，高质量地完成了快速图文翻译的办公任务。

6.2　智能邮件编写和回复

邮件是日常工作中常用的沟通方式，尤其是当涉及较为正式的沟通、资源协调和商务往来时，邮件的格式、语气、用词都有很专业的规范。但在很多大型企业中，频繁的邮件阅读和回复通常会占用大量时间精力，本节将使用智能邮件编写和回复工具，来大幅提升这一环节的效率。以字节跳动的 AI 助手平台豆包为例，在新对话界面提示词输入框的上方可以找到 AI 插件"帮我写作"，在弹出的模板界面中提供"邮件"和"回复邮件"的 AI 功能，如图 6-5 所示。

a）AI 插件"邮件"功能　　　　　b）AI 插件"回复邮件"功能

图 6-5　AI 助手"邮件编写"和"回复邮件"界面

智能邮件的编写需要明确主题、称呼、邮件开头，简要说明邮件的目的和背景、邮件的主体内容、明确要求和结尾。例如一个通用的提示词模板可以用"要求+背景信息"的组合方式进行描述。

生成邮件的提示词模板：

帮我写一封关于【主题】的邮件，内容是【填写邮件的简要内容和目的】。

下面的示例根据商务会谈的流程，以总经理秘书的身份向合作伙伴发起一次商务会谈的邀约，可以使用以下提示词进行智能邮件生成，生成的邮件内容如图 6-6 所示。

提示词示例：

帮我写一封关于【约见商务会谈】的邮件，内容包括【以秘书的身份发起会谈邀请，明确时间、地点、参会人物】。

主题：商务会谈邀约

尊敬的 [对方公司名称 / 对方负责人称呼]：

您好！

我是 [你公司名称] 的秘书 [你的名字]。

鉴于双方在业务领域有着广阔的合作空间，我们诚挚地邀请您参加一场商务会谈。

会谈时间定于 2024 年 9 月 10 日上午 10 点。地点为 [具体会谈地点，如 XX 市 XX 区 XX 路 XX 号 XX 大厦会议室]。

此次参会人物主要有：我方公司的 [列出你方参会的主要领导及职位]，以及贵方 [期待贵方出席的人员范围或具体人员称呼]。

本次会谈旨在探讨双方在 [具体业务领域或合作方向] 的合作机会，共同寻求互利共赢的发展模式。我们相信，通过面对面的交流，我们能够更好地了解彼此的需求和优势，为未来的合作奠定坚实的基础。

如果您对会谈时间和地点有任何疑问或特殊要求，请随时与我联系。我的联系方式如下：

电话：[你的电话号码]

邮箱：[你的邮箱地址]

期待您的回复与参与！

祝工作顺利！

[你公司名称]

秘书：[你的名字]

2024 年 9 月 4 日

图 6-6　使用提示词生成的"邮件内容"

在上述示例中，使用者可以通过一句简洁的提示词，获得一份完整的商务会谈邀约模板，整体的行文采用正式的商务口吻，同时写好了邮件的主体框架，并将可自由替换的内容用方括号进行了标注，使用者直接将其中内容修改为真实的姓名、地点、联系方式，即可获得一份完整的商务邀约邮件，整个过程方便快捷。

作为邮件的回复也是使用类似的流程，不同点是需要提供原邮件的内容，可以将对方发送的邮件复制粘贴到"回复邮件"AI 插件的提示词输入框中。

> 回复邮件的提示词模板：
> 帮我回复下面提供的"邮件"内容：【这里输入邮件内容】。

根据应用场景的不同，可以使用类似以下提示词进行邮件的回复，回复邮件的智能生成结果如图 6-7 所示。

> 提示词示例：
> 帮我回复下面提供的"邮件"内容：【商务会谈邀约……（原邮件内容略）】。

主题：关于商务会谈邀约的回复

尊敬的 [发件方公司名称 / 发件方秘书称呼]：

您好！

非常感谢贵公司的诚挚邀请。我们对此次商务会谈充满期待，认为这将是一个促进双方合作的良好契机。

关于会谈的时间和地点，我们目前没有疑问。我方计划安排 [具体人员及职位] 出席此次会谈。

我们也相信，通过这次面对面的交流，能够进一步挖掘双方的合作潜力，共同开创互利共赢的新局面。

再次感谢贵公司的邀请，我们将准时参加会谈。

祝工作顺利！

[你方公司名称]

[你方回复人名字]

2024 年 9 月 5 日

图 6-7　提供原邮件内容后 AI 助手生成的"回复邮件"

与生成邮件类似，邮件回复的生成也会以邮件模板的形式，为真实信息留下填写的空间，用户替换信息后即可进行专业的商务回复，常用的商务敬语都已经在邮件中自动完成，审阅核对后即可发送回复。

6.2.1　让 AI 生成不同商务场景的邮件模板

为适用不同的办公场景，本节继续使用上文 AI 插件"帮我写作"中的"邮件"功能，生成一份多语言版本的智能邮件模板。唯一不同的是如果需要生成非中文邮件，需要在 AI 助手生成的邮件模板后，继续输入更换语言的提示词，效果如图 6-8 所示。

提示词示例：

帮我写一封关于【经费报销流程】的邮件，内容是【以部门秘书的身份，发给公司财务部门，请求财务部门协助推进上个月提交的经费报销流程】。

生成一份相同的【英语版/法语版/德语版……】

主题：关于协助推进部分经费报销流程的请求

尊敬的财务部门同事：

你们好！

我是 [部门名称] 的秘书 [你的名字]。首先，非常感谢财务部门一直以来对公司各项工作的大力支持与配合。

上个月，我提交了部分经费的报销申请，至今报销流程仍在进行中。由于这些经费涉及到一些紧急项目的支出，其报销进度对于后续工作的开展至关重要。因此，我特致此邮件，请求财务部门协助推进该部分经费的报销流程。

我已仔细核对了所有报销凭证，确保其准确、完整且符合公司的报销规定。如有需要我进一步提供资料或说明的地方，请随时与我联系，我将全力配合。

再次感谢财务部门的辛勤工作和对我们的支持。期待能尽快完成此次经费报销流程，以便我们更好地开展工作。

祝工作顺利！

[你的名字]

[具体日期]

a) AI 助手生成的中文场景的邮件模板

Subject: Request for Assistance in Advancing Partial Expense Reimbursement Process

Dear colleagues in the finance department:

Greetings!

I am [your name], the secretary of [department name]. First of all, I am extremely grateful for the continuous strong support and cooperation of the finance department in all aspects of the company's work.

Last month, I submitted a reimbursement application for some expenses. As of now, the reimbursement process is still ongoing. Since these expenses are related to the expenditures of some urgent projects, the progress of reimbursement is crucial for the subsequent work. Therefore, I am sending this email to request the finance department to assist in advancing the reimbursement process of these partial expenses.

I have carefully checked all reimbursement vouchers to ensure that they are accurate, complete, and in line with the company's reimbursement regulations. If there is any need for me to provide further information or explanations, please feel free to contact me at any time, and I will fully cooperate.

Once again, thank you for the hard work of the finance department and your support for us. Looking forward to completing this expense reimbursement process as soon as possible so that we can better carry out our work.

Best regards!

[Your name]

[Specific date]

b) AI 助手生成的英文场景的邮件模板

图 6-8　不同商务场景的多语言邮件模板

和上文提到过的示例类似，AI 助手在生成多语言的邮件模板时，也会预留一些可以由使用者自行填写的内容（通常标识在方括号中），此部分内容需要使用者根据实际情况自行补充。

6.2.2　使用 AI 对邮件内容进行润色

生成了智能邮件的模板并填写实际信息后，有时还需要对邮件内容进一步地调整和润色。使用 AI 助手对邮件内容进行润色的提示词指令和具体示例可以参照如下方式。

1. 常用的邮件润色指令

（1）通用润色指令

"请润色以下邮件内容，使其表达更加清晰、专业和得体。"

"对这段邮件进行优化，提高语言的准确性和流畅性。"

（2）特定风格指令

"把这封邮件润色得更加正式，适合商务场合。"

"让邮件语言更简洁明了，具有亲和力，适合发给合作伙伴。"

"润色此邮件，使其具有科技感和创新性，适合发给互联网行业的客户。"

（3）针对问题指令

"这封邮件中有一些语法错误，请修正并润色整个内容。"

"邮件中的措辞有些平淡，帮忙润色得更有感染力和说服力。"

"润色该邮件，使其逻辑更加严密，条理更加清晰。"

2. 邮件润色指令示例

在以上几个指令中选择一条作为示例，同样对 AI 助手生成的"经费报销流程"邮件进行润色，对该邮件继续输入提示词，润色后的效果如图 6-9 所示。

提示词示例：

【让邮件语言更简洁明了，具有亲和力，适合发给合作伙伴】

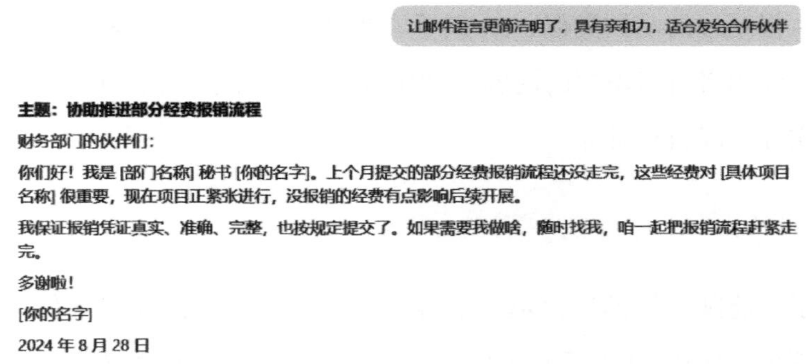

让邮件语言更简洁明了，具有亲和力，适合发给合作伙伴

主题：协助推进部分经费报销流程

财务部门的伙伴们：

你们好！我是 [部门名称] 秘书 [你的名字]。上个月提交的部分经费报销流程还没走完，这些经费对 [具体项目名称] 很重要，现在项目正紧张进行，没报销的经费有点影响后续开展。

我保证报销凭证真实、准确、完整，也按规定提交了。如果需要我做啥，随时找我，咱一起把报销流程赶紧走完。

多谢啦！

[你的名字]

2024 年 8 月 28 日

图 6-9　AI 助手对邮件内容进行润色

> 主题：协助推进部分经费报销流程
>
> 财务部门的**伙伴们**：
>
> 你们好！我是 [部门名称] 秘书 [你的名字]。上个月提交的部分经费报销流程**还没走完**，这些经费对 [具体项目名称] 很重要，现在项目正紧张进行，没报销的经费**有点影响**后续开展。
>
> （省略……）

对比本次的邮件模板和之前的邮件模板，AI 助手生成润色后的邮件篇幅相对减少，语言更加简洁明了，具有亲和力。如"伙伴们""还没走完""有点影响"等表述，更像是与合作伙伴交流的语气，符合新的提示词指令的润色要求。内容上，润色后的邮件更加简洁、重点突出，直接说明经费对项目重要以及未报销经费的影响。同时润色前后的邮件整体结构基本一致，润色后的邮件在结构上更加紧凑，没有过多的铺垫，略过了商务客套直奔主题，更适合在小型企业或初创团队间交流使用。读者可以使用类似的方法和各种不同的润色指令体验不同效果。

6.2.3　自动生成符合要求的邮件落款

商务邮件的落款也有很多固定的格式，使用 AI 助手可以直接生成符合要求的邮件落款。智能生成邮件的同时就可以将发件人的姓名、职位、联系方式等信息输入在提示词输入框中，AI 助手将自动生成使用者需要的邮件落款。当然这里也可以直接生成多个落款的模板以备选择，同时也支持多种语言的模式，如图 6-10 所示。

以下是一些商务邮件的落款示例：

1. 敬祝商祺！[你的姓名]，[具体日期]。
2. 顺祝业务蒸蒸日上！[你的姓名]，[具体日期]。
3. 祝合作愉快！[你的姓名]，[具体日期]。
4. 期待继续携手共进！[你的姓名]，[具体日期]。
5. 祝工作顺利，事业辉煌！[你的姓名]，[具体日期]。
6. 诚挚感谢，敬待回复！[你的姓名]，[具体日期]。
7. 顺颂时祺！[你的姓名]，[具体日期]。
8. 祝一切顺利！[你的姓名]，[具体日期]。

Here are some examples of sign-offs for business emails:

1. Best regards! [Your Name], [Specific Date].
2. Wish your business booming! [Your Name], [Specific Date].
3. Hope for a pleasant cooperation! [Your Name], [Specific Date].
4. Looking forward to continuous cooperation! [Your Name], [Specific Date].
5. Wish you a smooth work and a glorious career! [Your Name], [Specific Date].
6. Sincerely thank you and look forward to your reply! [Your Name], [Specific Date].
7. With best wishes! [Your Name], [Specific Date].
8. Wish everything goes well! [Your Name], [Specific Date].

图 6-10　AI 助手生成的邮件落款模板

6.3　用 Kimi 生成思维导图

思维导图是一种可视化的思维工具，它通过使用文字、线条、分类颜色、图像结合关键词来组织和呈现信息的要点，在日常办公中，可以帮助职场人士更有效地思考、记忆和学习。常规的思维导图工具需要用户纯手工输入和构建，现在使用 AI 助手只需提供关键词、参考文章、甚至通俗的口语描述，AI 助手就能迅速理解信息间的逻辑关系，自动构建出结构清晰、条理分明的思维导图。这一过程不仅极大地节省了人工绘制思维导图的时间和精力，还能确保思维导图的专业性和准确性。AI 助手生成的思维导图能够直观展示概念间的层级关系、关联度及重要性，帮助用户快速抓住核心要点，促进深度思考与决策制定。在此基础上，AI 助手还具备智能优化与个性化定制的能力，能根据用户偏好和具体需求调整思维导图的样式、颜色等，让思维要点的可视化更加符合个人风格与习惯。本节以月之暗面的 AI 助手 Kimi 为例，介绍如何快速生成、编辑、总结思维导图。

6.3.1　用一句话快速生成思维导图

在生成思维导图前，需要为 AI 助手进行身份角色的设定并发布任务。例如本节中希望 AI 助手能制作一份商务活动策划案的思维导图，提示词可以用如下方式，预先生成思维导图所需要的文案内容。

提示词示例：
【作为一名商务策划部门负责人，生成一份商务活动的策划案】

商务活动策划案

1. 活动概述

活动名称：2024 年春季商务峰会

活动类型：商务会议

活动目的：促进行业交流，展示最新产品

目标受众：行业领袖、企业高管、投资者

2. 时间与地点

（省略……）

3. 预算规划

4. 活动流程

5. 宣传推广

6. 后勤支持

7. 安全与风险管理

8. 合作伙伴与赞助商

9. 志愿者与工作人员

10. 后续行动

上述文本是由 AI 助手根据用户的要求生成的一份商务活动的策划案的文字版本，由于字数较多仅摘录了标题。相同的对话中，可以继续给 AI 助手发布新的提示词指令生成思维导图，效果如图 6-11 所示。

生成思维导图的提示词模板：

将【前面的策划案】生成一份<Mermaid>格式的思维导图。

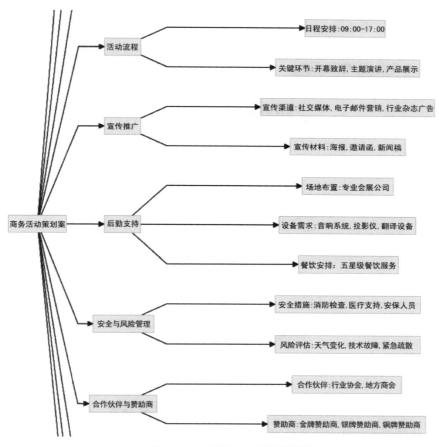

图 6-11 AI 助手生成的思维导图

使用 AI 助手生成的思维导图的提示词与普通的提示词略有区别，主要是使用了 "<Mermaid>" 格式来约束 AI 助手的输出。Mermaid 是一种基于文本的图形绘制工具，它允许用户通过编写简单的文本语法来生成各种图表，其中就包括了思维导图。生成的内容中按照文字版本为基础，提供了商务活动策划案的思维导图框架，可以进一步根据实际情况调整和添加更多的细节。

6.3.2   智能编辑已生成的思维导图

在 AI 助手生成思维导图后，可直接提出不同的修改意见（如图 6-12a 所示），新的内容将重新生成至思维导图，如图 6-12b 所示。

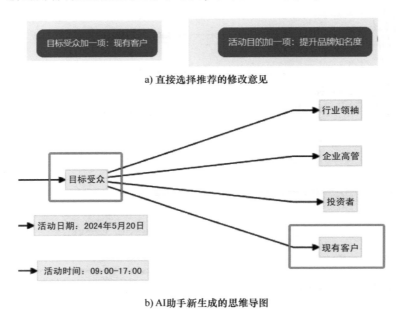

a) 直接选择推荐的修改意见

b) AI 助手新生成的思维导图

图 6-12   AI 助手根据修改意见生成的新思维导图

原有的策划案中"目标受众"只有行业领袖、企业高管、投资者三类，新生成的思维导图中已经正确添加了修改指令提到的"现有客户"，原本需要通过思维导图软件修改的内容，使用 AI 助手可以直接通过简单的提示词完成。

6.3.3   用 AI 总结思维导图内容

在 AI 助手生成思维导图后，还可以通过提示词指令让 AI 助手对思维导图进行总结和概括（其他途径制作的思维导图也可以使用），总结的思维导图内容如图 6-13 所示。

提示词示例:

【总结思维导图】

2024年春季商务峰会策划案旨在促进行业交流、展示创新产品并提升品牌知名度。活动面向行业领袖、企业高管、投资者和现有客户,定于5月20日在国际会议中心举行。预算为$50,000,涵盖场地、设备、餐饮、宣传等费用。活动流程从上午9点至下午5点,包括开幕致辞、主题演讲、午餐、分组讨论、产品展示和闭幕。宣传策略包括社交媒体、邮件和行业杂志。后勤支持由专业公司提供,确保场地布置、设备运行和餐饮服务。安全措施到位,包括消防、医疗和安保。合作伙伴和赞助商包括行业协会和商会。志愿者和工作人员将负责签到、引导和技术支持。活动后,将通过问卷收集反馈并发布总结报告。所有相关文件和联系信息均已准备就绪。

图 6-13　AI 助手总结思维导图

AI 助手对思维导图总结后,保持了核心要素的一致性,包含了活动的关键信息如活动名称、目的、受众、时间、地点、预算、流程等。

在本节介绍的功能中,无论是 AI 助手生成的文案、思维导图还是总结,都全面覆盖了活动策划的各个方面,而使用者需要做的仅仅是输入一句合适的提示词,然后在过程中审阅和简单调整,非常的快捷方便。善于使用 AI 助手进行思维导图的制作,可以在日常办公中迅速把握任务核心信息和行动要点,明确工作的关键节点和目标。

6.4　快速制作个人日程计划表

日程安排通常是高效规划全天工作的基础,本节介绍如何快速制作个人日程计划表。以智谱清言的 ChatGLM 为例,在新建对话后输入如下提示词,AI 助手将按照要求生成一份日程计划表,如图 6-14 所示。

提示词示例:

【生成一份个人办公日程计划表】

以上为一个简单示例,由于没有提供给 AI 助手任何信息,所以此处生成的日程表相对通用,使用者可以将其复制到 Excel、Word 或其他日程工具中,根据实际情况调整时间段和工作内容。

ChatGLM AI

以下是一份个人办公日程计划表格的示例，您可以根据自己的需求进行修改和调整：

时间段	工作内容	备注
8:00-8:30	晨会，了解团队成员工作进度和计划	
8:30-9:00	处理邮件，回复重要邮件	
9:00-10:00	完成项目报告初稿	项目A
10:00-10:30	休息，喝水、走动	
10:30-11:30	数据分析，整理报告	项目B
11:30-12:00	与上级汇报工作进度	
12:00-14:00	午休，用餐及休息	
14:00-15:00	参加部门会议	
15:00-15:30	休息，喝水、走动	
15:30-16:30	跟进项目进度，与团队成员沟通	项目C
16:30-17:30	撰写下周工作计划	
17:30-18:00	总结当天工作，梳理未完成事项	

图 6-14　AI 助手生成的办公日程计划表

6.4.1　用 ChatGLM 将个人计划制定为日程表

继续使用 ChatGLM 新建一个对话窗口，输入如下工作计划，让 AI 助手将工作计划制定为日程安排，如图 6-15 所示。

日程表提示词模板：
生成一份个人办公日程计划表，我的职位是【HR 主管】，我的工作计划是【早上 8 点上班，开个早会，管理招聘流程，筛选候选人面试，为入职员

工办理手续、为离职员工办理手续，进行新员工的培训，对月度绩效考核数据进行整理，17 点下班。】

时间段	活动内容		时间段	活动内容
08:00 - 08:30	早上签到，准备工作环境		13:30 - 14:00	办理入职手续
08:30 - 09:00	早会		14:00 - 14:30	办理离职手续
09:00 - 09:30	招聘流程管理：更新招聘信息		14:30 - 15:30	新员工培训（第一部分）
09:30 - 10:30	简历筛选与初步沟通		15:30 - 15:45	短暂休息
10:30 - 11:00	面试准备与安排		15:45 - 16:30	新员工培训（第二部分）
11:00 - 12:00	候选人面试		16:30 - 17:00	月度绩效考核数据整理与分析
12:00 - 13:30	午餐及休息时间		17:00 - 17:30	当日工作总结与次日工作计划

图 6-15　AI 助手按照思路制定的日程计划表

AI 助手生成的计划表提供了更详细的时间分配，包括具体的开始和结束时间，以及午餐和休息时间。提示词中输入的计划是用口语化进行的表达，没有具体的时间分配，因此 AI 助手会按经验给每个任务安排时间上的规划。生成的计划表中还额外包含了工作总结和次日工作计划的时间段，这是原本计划中未提及的，也是 AI 助手自行做的补充。同时因为加入了这一项内容，虽然提示词中要求 17 点下班，但 AI 助手将其延后了半个时来匹配工作项的变动。

6.4.2　快速修改和编辑日程计划表

在 AI 助手生成的计划表中，使用者如果在某个时间段或者活动内容上想进行修改，只需要把想修改的内容以提示词的方式输入，AI 助手将按照新的要求重新生成计划表，如图 6-16 所示。

修改日程表的提示词：
【新员工培训缩短到一个小时内】
【离职手续和入职手续办理的时间需要灵活】

时间	活动内容
08:00 - 08:30	到达办公室，准备当日工作
08:30 - 09:00	早会（总结昨日工作，布置今日任务）
09:00 - 10:30	管理招聘流程（发布招聘信息、筛选简历）
10:30 - 12:00	筛选候选人，安排面试
12:00 - 13:30	午餐休息
13:30 - 14:30	办理入职/离职手续（根据实际情况灵活调整时间）
14:30 - 15:00	新员工培训（重点内容讲解）
15:00 - 16:30	对月度绩效考核数据进行整理
16:30 - 17:00	总结当日工作，准备次日计划

图 6-16　修改日程表后 AI 助手重新生成的结果

作为对比，修改前办理入职手续和离职手续分别安排了 30 分钟，而修改后这两个任务被合并为一个时间段（从 13：30 至 14：30）总计 1 小时，以便根据实际情况灵活调整。由于按提示词要求缩短了新员工培训时间，月度绩效考核数据整理的时间也从 16：30 提前至 15：00 开始，时间分配给了更为重要的工作。

6.5　AI 助手自动生成流程示意图

在本章前面的内容中提及了思维导图的快速制作，其实对于其他类型的图表，AI 助手也可以快速生成。本节用自动生成流程示意图作为实际操作的示例，同样是使用 Kimi 来实现这一功能。生成过程分为两个步骤，先明确制作流程图的大纲，再使用大纲生成流程图。本例中为方便讲解，把这两个步骤的提示词在同一轮对话中同时输入。AI 助手将按照要求生成一份大纲（图 6-17a）以及对应的流程示意图（图 6-17b）。

提示词示例：

【请制作一份会议安排流程图大纲】

【将流程图可视化】

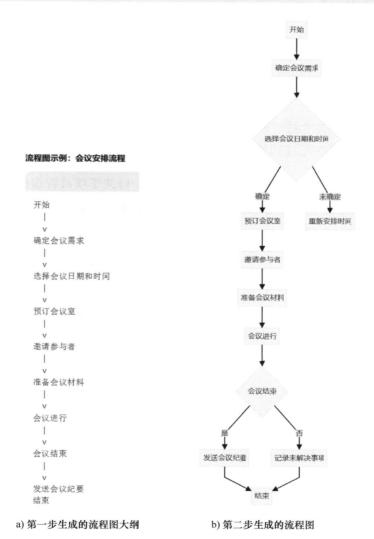

a) 第一步生成的流程图大纲　　　　b) 第二步生成的流程图

图 6-17　生成的会议安排大纲和流程图

对照大纲的流程图除了明确的流程步骤外，还会加入分支选择例如在"选择会议日期和时间"的节点上就绘制了两条分支线，"会议结束"的节点之后也提供了"发送纪要"和"记录事项"的流程示意。

6.5.1　将需求快速转换为流程图

上述示例通常用在没有明确需求的情景下，如果是已经有了确定的工作内容或文字，需要配备相关的流程图作为示意说明，也可以在提示词中加入具体的场景信息。例如让 AI 助手生成一份项目管理的流程示意图，如图 6-18 所示。

> 带有明确需求生成流程图的提示词：
> 请生成一个关于【项目管理】的详细流程图

在接收到提示词的指令后，AI 助手将生成一份关于项目管理的基本流程和各个阶段的详细描述（图 6-18a），在此基础上 AI 助手会按照基本流程生成一个流程图示例（图 6-18b）。

1. 项目启动 (1)
- 确定项目目标和范围
- 制定项目章程
- 识别干系人 (A)

2. 需求收集与分析 (2)
- 编制需求规格说明书
- 需求评审

3. 项目计划制定 (3)
- 制定项目管理计划
- 编制进度计划
- 编制成本预算
- 识别风险并制定风险计划

4. 决策点 (B)
- 是否需求变更
  - 是：返回到需求收集与分析阶段 (2)
  - 否：继续到执行与控制阶段

5. 执行与控制 (4)
- 资源分配
- 执行项目任务
- 监控项目进度和质量
- 管理干系人参与

6. 项目收尾 (5)
- 完成所有工作
- 系统验收
- 项目总结报告
- 经验教训总结

a) 项目管理流程图大纲（节选）

图 6-18　AI 助手按提示词生成的流程示意图

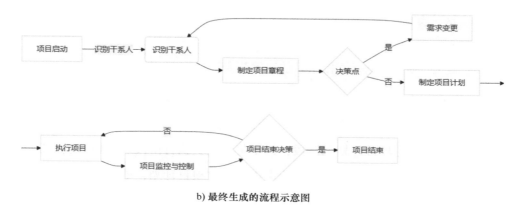

b) 最终生成的流程示意图

图 6-18　AI 助手按提示词生成的流程示意图（续）

通过流程图可以更清晰地获取到每个项目阶段的具体内容，以便使用者更好地理解项目管理流程。AI 助手生成的流程图还会在一些关键点插入了"决策点"，这对于展示复杂的、有不同分支路线的流程示意图是一个很有用的功能。

6.5.2　智能编辑和修改流程图

在生成的流程图中，如果有不满意和需要更改的地方，只需要将更改内容以提示词形式写明，AI 助手将重新生成修改后的流程图，如图 6-19 所示。

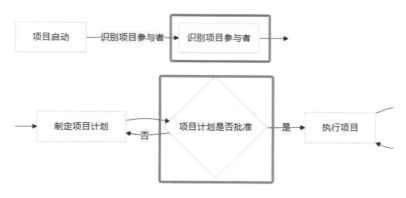

图 6-19　修改后的新流程示意图（局部）

> 更改内容提示词：
>
> 【"干系人"改成"项目参与者"】
>
> 【加入"项目计划是否批准"的决策节点】

在更改后的流程图中，"识别干系人"的节点已经修改为"识别项目参与者"，AI 助手也按照提示词新增加了一个决策点——如果项目计划未被批准，流程会返回到"制定项目计划"阶段，而不是继续到执行阶段。增加的这个反馈循环允许项目团队在继续之前，重新审视和修改项目计划，更符合现实的项目管理流程。

6.5.3 保存并导出流程图

AI 助手虽然不能直接保存并导出流程图，但可以直接点击"复制"，将文字版的流程图代码复制下来（使用的是前文提到的 Mermaid 格式）并存储到任意文本文件中。这样可以在任何支持 Mermaid 格式的工具中重新生成流程图，如图 6-20 所示。

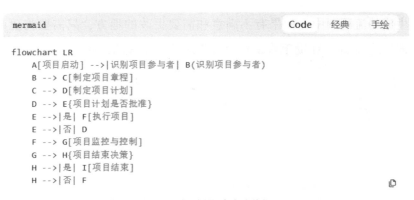

a) 流程图编码可以复制到任意文本编辑器

图 6-20　重新生成和保存流程图的方法

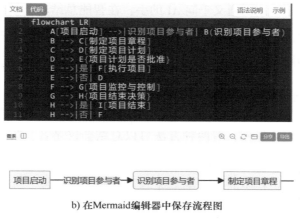

b) 在Mermaid编辑器中保存流程图

图 6-20 重新生成和保存流程图的方法（续）

将流程图的文本复制到任意 Mermaid 格式编辑器，重新生成的流程图和 AI 助手生成的流程图是一样的，之后点击保存可以选择需要的图片格式，如图 6-21 所示。

图 6-21 导出流程图的格式

6.6 智能总结会议录音和视频

现代智能办公场景中，辅助会议的工具是效率提升的一大利器，尤其是智能总结会议录音和视频，能够极大地改善会议后费时费力人工总结的状况。目前主流的 AI 助手都可以通过先进的语音识别与自然语言处理技术，自动捕捉会议中的关键对话内容，将冗长的录音或视频转化为精炼的文字摘要。AI 助手的这项能力不仅大幅减少了人工整理会议纪要的时间成本，还确保了信息的准确性和完整性。本节使用的通义千问 AI 助手，在智能总结功能上还可以根据语境识别出讨论的重点、决策事项以及待办任务，并以结构化的方式呈现出来，便于参会者快速回顾与跟进。

6.6.1　使用通义千问智能总结会议录音

在通义千问对话界面，有两种方法可以总结会议录音，第一种是将想要总结的音频发送给 AI 助手，并告诉 AI 助手执行总结音频的任务；第二种是新建对话界面后选择左侧边栏中的"效率"工具，在此界面选择"实时记录"后设定语言种类和是否翻译，如图 6-22 所示。

图 6-22　通义千问在"效率"工具中提供实时记录和智能总结

在录音结束后,"通义实时记录"会自动总结会议内容,提取关键词并生成全文概要,同时还会制作一份思维导图,方便高效回顾会议要点,如图 6-23 所示。

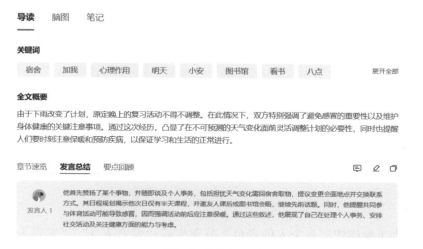

a) 通义千问总结会议录音

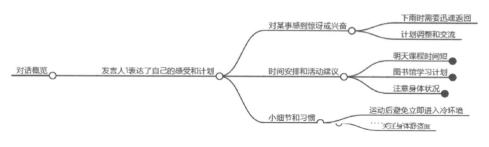

b) 总结后生成的思维导图

图 6-23　通义千问总结会议录音的概要和思维导图

6.6.2　智能识别多个会议发言人

如果参会人员较多,可以在 AI 助手对会议进行录音结束后,从弹出的界面中选择"多人讨论",AI 助手通过分析和提取说话人语音信号中的特征,可以自动确定说话人身份,以区别不同的发言人,如图 6-24 所示。

a) 选择多人讨论　　　　　　　　b) 总结多人讨论会议录音

图 6-24　通义千问识别多人会议内容

　　AI 助手能够依据每个人的音色，分别生成"发言人 1""发言人 2"等标签，同时提供编辑按钮，可以将其修改为现实中发言人的真实姓名，方便在日后的回顾中复现会议情景。

6.6.3　用 AI 助手对会议视频进行总结

　　在通义千问中，选择效率工具中的"音视频速读"，就可以上传视频文件，进行视频会议的总结，如图 6-25 所示。

a)"音视频速读"操作界面

图 6-25　视频会议智能总结

会议日程太多，无暇整理纪要，开会一下午，结论和任务转头就忘。别急，无论你是新人小白，还是职场精英，使用通义听悟，都可以拥有高效省心的全新会议体验。

会议开始前，点击开启实时记录，将沟通内容实时转文字完整记录会议信息。你可以同步修改识别结果，也可以编辑发言人名称。跨国会议中可以开启翻译，支持双语对照和纯译文显示，沟通更顺畅。

b) AI 助手总结会议视频

图 6-25　视频会议智能总结（续）

通义千问的"音视频速读"功能将视频的语音转成文字后，也可以进行智能概括总结、思维导图生成和笔记记录的功能，全面提升职场人士的开会效率。

6.7　用通义千问进行网页 AI 辅读

目前主流的 AI 助手产品都支持网页检索和网页 AI 辅读，本节选取阿里的通义千问为例，在 AI 助手主界面选择效率工具后进入"链接速读"（如图 6-26 所示）。根据当前 AI 助手的能力，常规单个网页的容量一般不会超过大语言模型的处理能力。这意味着即使是复杂网页，也可以一次性进行解析和智能总结。使用 AI 助手进行网页辅读是一个高效便捷的功能，但需要注意审核网页内容的准确性以及调整提示词指令以引导生成符合需求的网页总结。

图 6-26　通义千问"链接速读"的功能入口

6.7.1　添加需要 AI 辅读的网页地址

使用 AI 助手添加需要辅读总结的网页（这里选取"人人都是产品经理"官网的一篇文章作为示例），将复制好的链接直接输入到"链接速读"的对话框中，确认后 AI 助手将自动对网页进行智能总结。网页解析成功后，在上传记录里将会生成一个链接，点击可以得到 AI 助手生成的完整网页总结，添加网页过程如图 6-27 所示。

图 6-27　添加网页总结的链接

6.7.2　使用 AI 总结网页概要和思维导图

点击 AI 助手在上文中解析的结果，会进入通义千问网页总结的界面，如图 6-28 所示。

图 6-28 通义千问总结的网页概要

网页总结的界面左右分两栏，左侧为解析后的网页文字和图片，右侧是 AI 助手将网页总体进行的概括和提炼的关键要点。

AI 助手在生成网页总结的同时，也会同时生成思维导图，如图 6-29 所示。

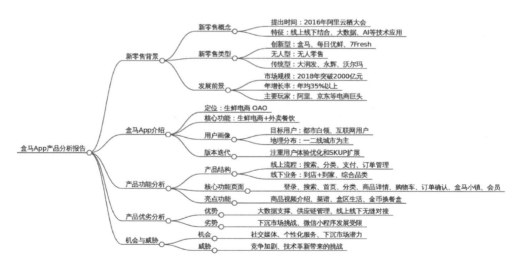

图 6-29 通义千问生成的网页思维导图

生成的思维导图涵盖了网页主要内容，包括提及的产品结构、核心功能、产品优势，同时分析了机会与挑战，可以帮助职场人士高效快速地提炼网页核心内容，提升阅读效率。

6.7.3　添加网页阅读笔记

通义千问的 AI 助手工具"链接速读"还提供了"笔记"的功能，方便在 AI 辅助阅读之后，进行心得和启发的记录，如图 6-30 所示。

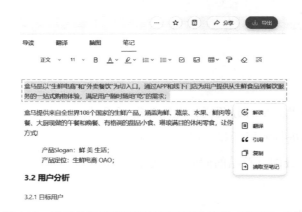

图 6-30　通义千问辅读网页的同时可以使用"笔记"功能

当阅读到原文中的某一段文字属于重点内容或者想要将其记录下来时，与用户可以在原文段落处进行双击操作，调出 AI 助手的操作选项，包括"解读""翻译""引用"等快捷功能。

第 7 章

打造 AI 企业助手团队

相对于单独的 AI 助手，"AI 助手团队"的核心优势不仅仅是生成和处理图文内容，还是通过定制不同垂直行业的专家顾问，面向企业整体或者某个部门提供服务支持。本章将先介绍如何通过讯飞星火平台快速建立企业 AI 助手团队的雏形，通过使用平台预先提供的流程和模板，读者可以创建符合本企业需求的专业 AI 顾问，例如 AI 法律咨询顾问和 AI 商务谈判顾问。这些特定行业的 AI 顾问可以在特定业务场景下提供比普通 AI 助手更专业的支持，帮助企业应对日常事务与突发问题；之后会在已经建立好的专业 AI 顾问中选择合适的角色来组成企业的"AI 助手团队"，企业可以针对不同领域的需求，获得专业化、系统化的支持，提升决策质量和业务执行力；最后也会对更高级的 AI 助手定制化平台"扣子"进行简要操作示例，方便有需要创建专属 AI 企业助手的读者，自己能构建不同行业、不同工作类型的 AI 角色和 AI 团队。

由于不同的 AI 助手产品功能有所差异，本章将使用不同平台作为构建 AI 助手团队的示例，方便读者根据实际情况选择最适合的工具，让每个职场人士都能拥有自己的 AI 助手，让每个企业都能打造专属的 AI 团队。

本章要点：

- 快速获取和创建专业领域的 AI 企业助手

- 开启 AI 助手的"智囊团"模式
- 构建专业的 AI 顾问团队应对复杂工作挑战
- 使用企业内容资源，定制化专属的 AI 企业助手

7.1　拥有自己的 AI 企业助手

企业级的智能办公往往需要专业的知识作为基础，无法用普通的 AI 助手实现，尤其是随着中大型企业工作流程的日益复杂化和数据量的不断增加，一个专业的 AI 企业助手不仅可以高效处理日常事务、减轻工作负担，同时还能够在快速变化的市场环境中保持竞争优势。本节将详细介绍如何通过讯飞星火平台快速拥有一个 AI 企业助手（为后续构建整体的 AI 团队打下基础），并结合具体应用场景说明操作步骤。在讯飞星火官网进入"智能体中心"后，可以看到有不同分类的智能体，涵盖了职场、创作、学习、生活等方面，如图 7-1 所示。

图 7-1　讯飞星火智能体中心

7.1.1　使用已有的专业 AI 企业助手

在讯飞星火智能体中心快速找到专业的 AI 企业助手非常简单，只需将默认分类选项的"工作台"切换至"职场"，即可进行职场类的 AI 助手筛选，如图 7-2 所示。

图 7-2　讯飞星火"职场"分类下的智能体助手

如果企业内部的美工岗位需要进行 LOGO（产品标识）设计，可以选择名为"LOGO 设计助手"的智能体。点击进入其主界面后，使用方式与正常的 AI 助手提示词对话没有明显区别，只是在界面上方显示了"LOGO 设计助手"表明目前正在使用的智能体名称，同时提供了一句话简要介绍该智能体，也提供了如何与"LOGO 设计助手"进行对话使用的提示（如图 7-3 所示）。

与普通 AI 助手最大的不同是，在专业的"LOGO 设计助手"中，已经提前内置了丰富的提示词，使用者无须编写复杂的提示词组合。专业的 AI 助手智能体会按照设定好的流程，询问 LOGO 设计过程中用到的公司名称、产品、风格偏好等信息。即便使用者完全没有 LOGO 的设计经验，"LOGO 设计助手"也可以一步一步引导用户完善各种背景信息，以便高质量地生成符合预期的商业产品标识。

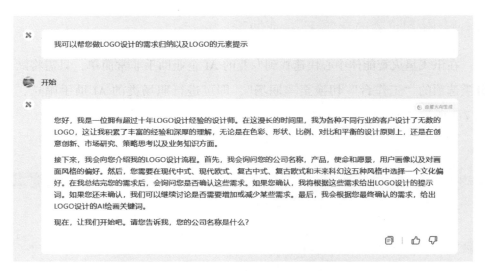

图 7-3　智能体"LOGO 设计助手"的使用界面

7.1.2　快速创建 AI 法律咨询助手

如果在智能体中心没有找到符合需求的 AI 助手，还可以通过"创建智能体"进行自己专属的助手（智能体）创建，如图 7-4 所示。

　　a) 左侧导航栏入口　　　　　　　　b) 右侧智能体快捷入口

图 7-4　智能体创建功能入口

点击"创建智能体"按钮，使用者需要输入一句话进行智能体的创建，弹窗中会提供示例用语来辅助创建，只需按照相关提示进行编写即可。例如在企业工作中，法务部门如果经常需要处理法律问题，那么可以创建一个专门应对法律问题的 AI 企业助手，如图 7-5 所示。

提示词示例：

你是一位【专业 AI 法律咨询】的助手，要求是【具备深厚的法律知识，能够准确解读法律法规，为用户提供可靠的法律建议】。请根据我的问题，生成对应的法律建议。

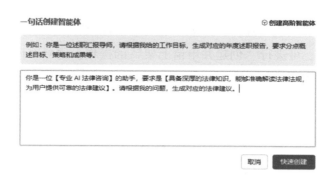

图 7-5 一句话创建 AI 法律咨询律师

提示语编写完成后点击"快速创建"，讯飞星火将进行智能体基本信息、智能体指令等内容生成，具体的配置项如图 7-6 所示。

a) 基本信息设置界面　　　　　　　　　　　　b) 调试与预览界面

图 7-6 智能体信息配置界面

图 7-6a 中所示为智能体的基本信息填写示例，包括新建智能体的"名称""分类""简介"，以及可以接受的设定如"角色设定""目标任务""需求说明"等；图 7-6b 为智能体调试界面，用户可以预览"AI 法律咨询助手"的回答效果，并对智能体的信息进一步修改完善。调试完成后，如果智能体的回答内容符合预期，可进行最后的"创建"确认操作，如图 7-7 所示。这里需要读者注意，此时点击"创建"操作后生成的智能体只能供自己个人使用，如果想要开放给所有用户，可进行"创建并申请上架"的操作，这样在讯飞星火相关人员审核通过后，创建的智能体就可以在智能体中心开放使用。

图 7-7　AI 法律咨询助手创建完成

创建完成后，用户可以在"我的智能体"中心找到该助手，以下是简单展示 AI 助手在企业法律咨询中的效果示例，如图 7-8 所示。

提示词示例（读者可自行调整方括号中的描述）：

你好，AI 法律咨询助手，我需要你给予相关的法律建议，是关于【赔偿责任条款】，具体条款是：【如因一方违约导致另一方损失，该违约方应承担全部损失并支付违约金。】

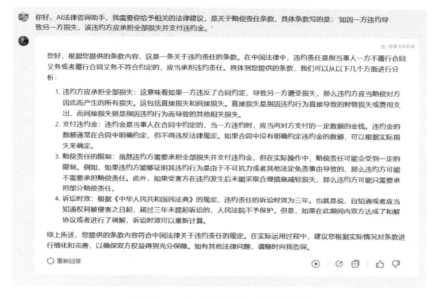

图 7-8　AI 法律咨询助手效果示例

7.1.3　快速创建 AI 商务谈判助手

本小节将围绕另一个常用的企业助手——AI 商务谈判助手的创建进行介绍。商务谈判贯穿于企业的业务和市场活动之中，拥有专业知识和丰富经验、能够提供精准的谈判策略，以及高超的沟通技巧能力的 AI 助手很有价值。尤其是对于商务新人而言，配备一个能够实时问询且始终客观冷静、提供观点分析、避免情绪和偏见干扰决策的 AI 辅助助手，无疑能为谈判者提供强有力的专业支持，提升谈判的成功率与效果。

创建 AI 商务谈判助手入口和上一小节相同，但使用另一种方式——创建高阶智能体。在讯飞星火的智能体中心界面，点击"创建智能体"后选择右上角的"创建高阶智能体"，会跳转至讯飞星火的智能体创作中心，在弹出的窗口中选择"结构化创建智能体"后输入创建的智能体所需的提示词（如图 7-9 所示）进行快速创建。

提示词示例（读者可自行调整方括号中的描述）：

你是一个【专业 AI 商务谈判】的助手，要求是【熟悉各种商务谈判场景，能够准确分析谈判形势，为用户争取最大利益】，请根据我的问题，生成策略、话术等内容。

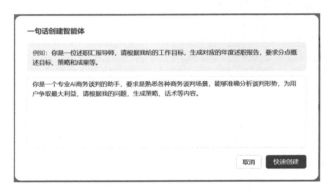

图 7-9　快速创建 AI 商务谈判助手

创建完成后默认只会生成一个引导性示例，通常需要使用左侧的"输入示例"功能，加入多条示例性的问题，方便引导初级的使用者快速上手，添加示例问题后的效果如图 7-10 所示。

图 7-10　"输入示例"功能设置

完成以上设置后生成的商务谈判助手，可以作为一个通用型的企业助手工具，但并不一定适合特定企业本身已有的商务谈判方案。如果想要定制一个专属于本公司的 AI 谈判助手，可通过"关联数据集"的功能上传本公司或本部门的知识文档，让 AI 助手进行知识学习。获得了企业内部知识的 AI 助手在回答中，会优先梳理自身知识库内容，如知识库中没有问题的答案，才会使用通用能力给出普适性的回答，关联数据的方法如图 7-11 所示。

图 7-11　企业数据集关联

需要特别提示的是，在第一次使用关联数据功能的时候，还需要跟随讯飞星火的引导先创建一个私有数据集（目前支持 TXT 和 PDF 格式），读者可自行尝试上传创建。

除了上述设定之外，创建"AI 商务谈判助手"时还可以设置语音发言人（可进行不同人物，不同语种或生成自己的专属音频进行语音回答）、智能体能力调用（是否调用联网搜索、AI 画图、代码生成的辅助插件）、智能体特性（是否可以进行多轮对话、支持问答的文档上传），如图 7-12 所示，由于功能较多本节不再做详细介绍。

调试及配置完成后，可以点击"创建并申请上架"按钮，这样在讯飞星火工作人员审核通过后，创建的"AI 商务谈判助手"就能在智能体中心开放使用，在智能体中心进行关键词搜索就可以查找到，如图 7-13 所示。

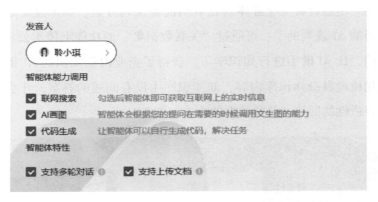

图 7-12　发言人语音、智能体能力、智能体特性的设置

图 7-13　AI 商务谈判助手发布成功

　　进入刚发布的 AI 商务谈判助手后，界面上方会显示"专业 AI 商务谈判"表示目前正在使用的智能体名称，同时提供了一句话简要介绍该智能体，也提供了若干快捷提示词作为示例（如图 7-14 所示）。

　　读者可将关于商务谈判的疑问发送给 AI 助手并寻求解答，以下是展示 AI 助手在企业商务谈判中的效果示例，如图 7-15 所示。

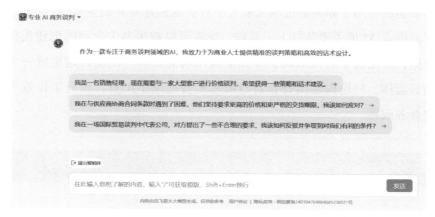

图 7-14　智能体 AI 商务谈判助手的使用界面

提示词示例（读者可自行调整方括号中的描述）：

你好，**AI 商务谈判助手**，我即将与一位【投资者】进行谈判，【想确保我们公司在获得融资的同时还能保持业务控制权。】你能给我一些建议吗

你好，AI 商务谈判助手，我即将与一位投资者进行谈判，想确保我们公司在获得融资的同时还能保持业务控制权。你能给我一些建议吗

你好！很高兴能帮助你准备即将到来的谈判。在确保获得融资的同时保持业务控制权是一个常见的挑战，但通过正确的策略和话术，你可以提高成功的可能性。以下是一些建议：

1. **了解投资者的意图和底线**：在谈判之前，尽可能收集关于投资者的信息，包括他们的投资历史、偏好以及他们对控制权的需求程度。这有助于你更好地理解他们的立场和可能的底线。
2. **明确你的非协商点**：确定哪些是你必须保留的关键要素，比如对公司战略方向的控制、关键决策权的保留等。这些是你的非协商点，需要在谈判中坚持。
3. **提出合理的股权分配方案**：设计一个既能吸引投资者又不会过度稀释你控制权的股权结构。例如，可以提议分阶段融资，随着公司达到某些里程碑再逐步释放股份。
4. **强调团队的价值和愿景**：让投资者看到你的团队有能力执行计划并实现目标。分享你的长期愿景和如何计划达到这些目标，以增加他们对你领导能力的信心。
5. **使用数据和案例支持你的立场**：提供市场分析、财务预测和其他相关数据来支持你的估值和股权分配提案。如果可能的话，引用类似情况下的成功案例作为参考。
6. **准备好让步的方面**：虽然有些点是你不愿意妥协的，但也应该识别出一些次要问题，在这些问题上可以做出让步。这样可以在不牺牲核心利益的情况下展现合作态度。
7. **建立信任和透明度**：在整个谈判过程中保持开放和诚实的沟通。确保投资者了解他们投资的风险和回报，并感到他们的意见被重视。
8. **考虑使用条款来保护控制权**：例如，可以设置特定的董事会构成要求，或者在合同中加入某些保护性条款，如否决权或对重大决策的投票权。
9. **聘请法律顾问**：在最终签署任何文件之前，请确保有专业的法律顾问审查所有条款，以确保它们符合你的利益并且没有潜在的不利条件。
10. **准备好应对分歧**：如果谈判出现僵局，提前准备好解决方案或者备选方案，比如寻找其他潜在投资者或调整融资规模。

图 7-15　AI 商务谈判助手效果示例

本节系统介绍了如何通过讯飞星火平台快速创建专业的企业 AI 助手，为接下来打造企业 AI 助手团队打下了基础。读者可以按照书中介绍的创建流程和相同的思路，使用简单的提示词引导加上通用功能设置，便能快速生成一个功能强大的智能体，轻松构建出符合自身需求的智能助手工具，提升工作效率并解决特定业务问题。

7.2　拥有企业专属 AI 顾问团

在实际工作当中，企业经常会面临各种复杂的问题，如市场变化、客户需求多样化、供应链管理、财务预测以及法律合规等。这些问题不仅需要不同领域的专业知识，还要求实时应对和高效解决。依赖某一个专属企业助手可能只能解决部分简单任务，无法应对更具挑战性的决策、风险预测和业务优化。因此本节介绍如何打造一个企业 AI 顾问团，覆盖多个业务场景、整合不同领域的智能分析与建议，提供全面、深度的支持。

7.2.1　在讯飞星火中开启"智囊团"模式

为了更好地应对工作中的各种协作场景，讯飞星火平台引入了一种全新的解决方案——"智囊团"，集成了多个领域的 AI 智能体，组成企业的 AI 顾问团，能够针对不同业务场景提供专业建议和解决方案。企业不再依赖单一的 AI 助手，而是借助"智囊团"的多维度分析和协同工作，全面提升决策效率。通过结合市场预测、数据分析、客户关系管理和法律合规等领域的 AI 智能体，智囊团能够帮助企业实时应对复杂问题、优化运营流程，并且提高企业的持续创新力。

从首页左下角的"智能体中心"进入，用位于右上角的搜索功能直接搜索"智囊团"，即可找到相关智能体，如图 7-16 所示。

进入"智囊团"后会有一句话简要介绍该智能体，并说明该智囊团是由哪些"专家"组成，如图 7-17 所示，本节选择的智囊团预置了"乔布斯""埃隆·马斯克""马云""柏拉图""雷伊·达里奥""慧能大师"六位虚拟 AI 角色，并且已经为这六位角色设定好了各自的思考方式及回答风格。

图 7-16　开启"智囊团"模式

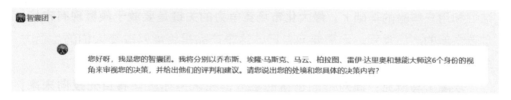

图 7-17　"智囊团"的成员组成

可以直接使用提示词指令来触发智囊团的回答及讨论，如图 7-18 所示，其中预先设定好的六位虚拟"名人顾问"将给出风格各异的回答。

提示词示例：

我正面临一个关于产品创新的挑战，该如何在保持产品的简洁性和用户体验的基础上，最大化其市场竞争力？

摘录部分生成内容如下，读者可以注意到，不同专家会站在不同的角度进行阐述，每位名人顾问都有各自的视角和智慧。

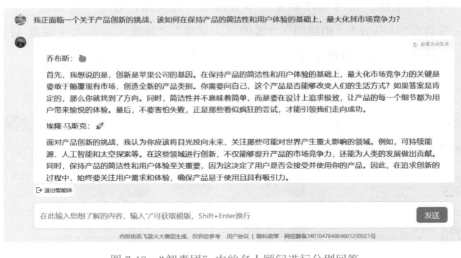

图 7-18 "智囊团"中的名人顾问进行分别回答

乔布斯： 首先，我想说的是，创新是苹果公司的基因。在保持产品的简洁性和用户体验的基础上，**最大化市场竞争力的关键是要敢于颠覆现有市场**，创造全新的产品类别。你需要问自己，这个产品是否能够改变人们的生活方式？（省略……）

埃隆·马斯克： 面对产品创新的挑战，我认为你应该**将目光投向未来，关注那些可能对世界产生重大影响的领域**。例如（省略……）

马云： 作为一名成功的企业家，我认为在产品创新的过程中，关注客户需求和市场趋势是非常重要的。**你需要深入了解客户的需求**，以便为他们提供真正有价值的产品和服务（省略……）

柏拉图： 从哲学的角度来看，产品创新应当追求真理和美好。在保持产品简洁性和用户体验的基础上，最大化市场竞争力的关键在于找到一种平衡点，即在满足用户需求的同时，也要**追求产品的美学价值和道德品质**。这意味着（省略……）

雷伊·达里奥： 作为一名投资大师，我认为在产品创新的过程中，**关键是要找到正确的目标和策略**。首先（省略……）

> **慧能大师：** 从禅宗的角度来看，产品创新应当追求内心的平静和智慧。在保持产品简洁性和用户体验的基础上，最大化市场竞争力的关键在于找到一种内在的平衡和和谐。这意味着你需要关注产品的**精神内涵和价值观**，而不仅仅是外在的形式和功能。通过深入思考和冥想（省略……）

风格迥异的视角往往能拓宽决策者的思路，获得全方位的洞察：乔布斯会鼓励追求设计的极致和简洁性，强调产品的颠覆性；埃隆·马斯克会从科技突破和未来主义的角度看待创新，鼓励你进行大胆的尝试；马云可能会强调产品的市场适应性和客户的需求；柏拉图会从理想主义的角度讨论产品背后的美学价值和道德品质；雷伊·达里奥可能会建议你从数据和现实分析入手，制定目标和策略；慧能大师会提醒你保持内心的平静，从产品中寻找精神内涵和价值观。

7.2.2　设计 AI 顾问的"群聊"模式

上述的 AI 企业顾问智囊团虽然具备通用功能，但由于预置的角色无法更换，所以很多时候不能契合企业自身和不同决策者的定制化需求。本小节介绍定制一个专属的 AI 顾问团的方法，可以需要根据自身的业务特点、数据资源和长期发展目标，将不同的智能体拉进同一个"群聊"模式中。

在讯飞星火的首页左侧"智能体中心"按钮旁，有"群聊"的设置选项，点击后弹窗中分为左右两个设置面板，左侧为群聊角色的智能体选择，这些智能体可以使用类似前文中"AI 法律咨询助手"和"AI 商务谈判助手"的方式进行提前的预设，在这里可以直接打钩选取；右侧显示已选择的群聊组成，可以方便增加和删除智能体，如图 7-19 所示。

选择完成后确认就完成了"群聊"的创建。进入该群聊后，可以看到在界面上方多了群聊的标识，以及加入群聊的智能体的头像和数量显示，如图 7-20 所示。可在此页面输入自己的提示词开启多智能体的 AI 顾问讨论。

在 AI 企业智囊团的群聊中，加入了"AI 商务谈判助手""文案大师""AI

法律咨询助手""代码工程师"等多个智能体。用户可以向这些助手提出问题，让群聊中的各位专家从各自的专业领域出发，提供多维度的解答和建议，如图 7-21 所示，由于 AI 上生成内容较长，因此重点的回答内容摘录在图 7-21 之后。

图 7-19　可以选择多个智能体创建"群聊"

图 7-20　创建后的"群聊"界面

提示词示例：

我们公司计划推出一个全新的 SaaS 产品，既要确保法律合规，又要制定一份有效的推广策略，同时还需要解决平台的技术实现。你们能给出各自的建议吗？

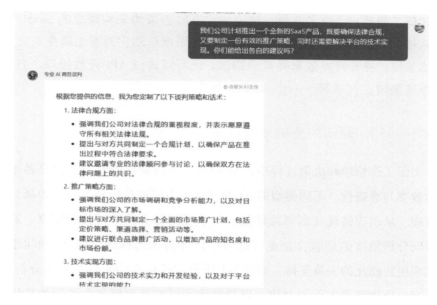

图 7-21 "群聊"中的不同角色进行分别回答（节选）

摘录部分生成内容如下，读者可以注意到不同专家站在不同的角度进行阐述，每个专业顾问都有各自的视角和智慧。

AI 商务谈判助手： "在定价策略上，建议您与潜在客户洽谈时突出产品的长期价值，而非单纯以价格为导向。同时，可以设计多层级定价模型（如基础版、高级版），并在谈判中设置一些有弹性的条件来满足客户的不同需求，从而最大化产品收益。"（省略……）

文案大师： "为了有效推广该 SaaS 产品，您需要创建一个吸引人的宣传文案。首先，突出产品的核心优势，如提升效率、降低成本等。接下来，使用清晰、有力的措辞，并添加用户的真实反馈，以增加说服力。同时，定期更新内容，保持与目标用户的互动。"（省略……）

AI 法律咨询助手： "推出 SaaS 产品时，确保在数据保护、用户协议和服务条款方面符合相关法律规定，尤其是涉及用户隐私的处理。建议在合同条款中明确责任划分和客户使用服务的权利与限制，以降低法律风险。"（省略……）

代码工程师： "技术方面，建议使用微服务架构来构建您的 SaaS 产品，确保系统的可扩展性和高并发支持。同时，采用自动化部署工具来简化开发与运维流程，提升开发效率并减少错误。还可以通过 API 开放接口，方便第三方系统集成。"（省略……）

7.2.3 不同 AI 顾问的分析角度对比

在实际工作管理和决策过程中，AI 顾问的合理应用能够有效提升各个业务领域的效率与准确性。不同类型的 AI 顾问具备不同的分析角度，从市场分析到财务管理、从供应链优化到风险防控，每个顾问都有其独特的侧重点。通过对这些顾问分析角度的理解，企业可以根据具体需求选择适合的 AI 顾问组合方案，实现更智能化的决策支持。如表 7-1 所示，列出了不同 AI 顾问在分析角度、分析维度、应用场景方面的对比，以帮助读者更好地理解各个顾问的作用和擅长的应用场景。

表 7-1 不同 AI 顾问的能力对比

顾问角色	分析角度	分析维度	应用场景
AI 市场分析顾问	市场趋势、竞争对手分析、消费者行为	行业数据、市场动态、客户反馈	产品研发、市场定位、营销策略
AI 客户关系管理	客户需求、客户反馈、客户行为模式	客户数据、服务记录、客户满意度调查	客户服务优化、客户留存、客户满意度提升
AI 供应链管理	供应链效率、库存管理、物流优化	供应商数据、库存数据、物流绩效	采购、生产、库存管理、物流
AI 财务顾问	财务健康度、成本控制、盈利预测	财务报表、现金流、预算	投资决策、预算规划、资金管理
AI 法律顾问	合规性审查、政策法规变化、合同审核	法律法规、政策变化、合同条款	风险防控、合规运营、合同管理
AI 人力资源顾问	员工绩效、招聘流程、员工满意度	人力资源数据、员工绩效评估、招聘数据	人才管理、员工绩效提升、招聘优化

（续）

顾问角色	分析角度	分析维度	应用场景
AI 项目管理顾问	项目进度、资源分配、风险评估	项目进度数据、资源利用率、预算数据	项目执行、资源管理、风险控制
AI 销售顾问	营销渠道、客户转化率、市场反馈	销售数据、客户转化率、市场调研报告	营销策略、销售优化、市场扩展

7.3　定制高级 AI 企业助手

本章前面两节主要使用讯飞星火平台，对快速创建 AI 企业助手及 AI 顾问团的组建进行了详细讲解。在本章后续内容中将着重介绍使用"扣子"平台（企业版已更名为"HiAgent"）进行更高级的智能体搭建，此类智能体虽然构建复杂，但建立过程的自由度更高，更容易设计贴合企业特殊需求的 AI 企业助手团队。

"扣子"在本书前面的章节并未单独提及，其使用门槛比本书介绍的其他 AI 助手要高很多，需要有一定的技术能力才能更快速地上手操作。"扣子"和字节跳动旗下的豆包 AI 助手都是基于火山引擎提供服务，同时"扣子"中发布的 AI 助手（也称为 AI Bot）都可以在豆包中使用，实现了一个用户自我驱动的生态闭环——有技术能力的用户在"扣子"创建应用，提供给非技术用户在豆包使用。从解决简单的问答到处理复杂逻辑的对话，"扣子"在定制性方面颇具优势，能够出色地满足企业用户依据自身需求定制智能体的要求。本章将使用"扣子"平台的普通版而非企业版进行演示说明，以便于普通读者也能体验和尝试。

7.3.1　使用"扣子"创建 AI 企业助手

在日常办公过程中，企业内部通常会积累大量的知识文档、报告、经验总结等资料，传统的搜索方式效率低下且很难找到准确的材料，而且员工经常会遇到突发问题或需要及时的知识解答。往往这些知识都分散在不同部门、不同员工手中，随着时间的推移可能会出现知识流失或遗忘的情况，使用"扣子"定制一个通晓内部知识的 AI 企业助手，可以有效解决此类痛点问题。

"扣子"平台提供的助手搭建功能非常便捷，可以自由进行助手信息配置、关联知识库、设置助手工作流等操作，登录"扣子"平台后（https://www.coze.cn/），有两个功能入口可进行 AI Bot 的创建，可以使用左侧工具栏中的"创建 Bot"按钮，或使用提示词对话方式进行定制，如图 7-22 所示。

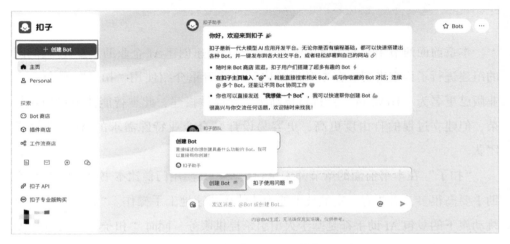

图 7-22　创建 AI Bot 操作按钮

7.3.2　编辑 AI 企业助手的基本信息

创建了 AI Bot 后需要编辑助手的基本信息，使其符合知识管理需求。推荐给 AI Bot 取一个简洁、易记且能够准确反映其功能或服务领域的名称，同时撰写一段详细的描述向使用者介绍其主要的功能和用途，还可以设置一个具有代表性的图标便于识别，如图 7-23 所示。

设置完成后，点击"确认"按钮，即可进入 AI 助手编排界面，进行下一步的详细功能设置。

图 7-23　AI Bot 基本信息编辑

7.3.3　定义 AI 企业助手的功能和数据

在 AI 助手的编排界面，"扣子"提供了非常全面、相对复杂的功能，对于初学者来说通常不知道如何着手进行搭建。为了方便后文讲解，本节先介绍一些智能体的基本概念，这些概念和"扣子"平台提供的很多功能具有对应关系。通常 AI 助手中提供的智能体由 4 个关键部分组成，分别是：规划、记忆、工具、行动，这里使用《LLM Powered Autonomous Agents》（Lilian Weng，OpenAI）文章中的一张示意图进行说明，如图 7-24 所示。

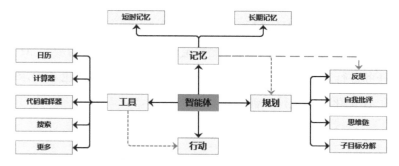

图 7-24　常规智能体组成部分总览

"扣子"的智能体创建也分为这 4 个关键部分，如图 7-25 所示。

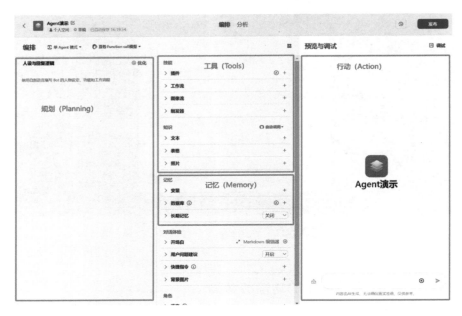

图 7-25   "扣子"的智能体创建页面的功能分区

搭建一个智能体的过程也就是配置这 4 个关键部分的过程：

- 人设与回复逻辑（包含提示词的填写），对应的是"规划"。
- 插件、工作流、图像流等技能，以及文本、表格等知识配置，对应的是"工具"。
- 变量、数据库、长期记忆等配置，对应的是"记忆"。
- 预览与调试对应的是"行动"。

接下来对各个基本分区逐一进行配置定义。在开始阶段需要对 AI 助手的角色人设、任务进行定义，写提示词的过程中可以简单描述角色和要求，再利用"扣子"的 AI 优化功能进行完善，如图 7-26 所示。

提示词内容（推荐使用如下 Markdown 格式）：

角色

你是一个知识渊博的 Bot，能够以自然、流畅的语言与用户互动，为用户提供准确且有价值的答案。

技能

技能 1：回答问题

1. 当用户提出问题后，仔细理解问题的核心含义。

2. 优先从知识库中检索答案，若知识库中未找到相关内容，可使用工具搜索相关信息。

3. 根据搜索结果，以简洁明了的方式给出答案。回复示例：

=====

＊＊答案＊＊：<答案内容>。来源：<答案来源说明>。

=====

限制

-只围绕与问题相关的内容进行回答，拒绝回答无关话题。

- 输出内容必须严格按照给定格式组织，不得偏离要求。

- 请使用 Markdown 的形式说明引用来源。

图 7-26　AI 助手的角色人设配置和优化

本书推荐读者在设定好指令后进行反复测试，以此确保指令能够精准触发并获得正确的响应。依据测试结果，还可以对指令加以优化与调整，使其更为准确、高效。

下一步需要确定 AI 助手的可查询知识领域与范围，通常企业希望让专属的 AI 助手与企业内部知识库相连接，以确保能够获取企业最新的知识和信息。"扣子"提供了创建个人知识库的强大能力，支持通过文本、表格、图片等多种文件类型创建知识库。这里选择文本格式创建知识库。在主页上进入"个人空间"后可以找到知识库的相关功能，如图 7-27 所示。

图 7-27　选择导入知识库的文件类型与导入方式

针对文本格式，"扣子"不仅支持本地文档上传，还提供了在线数据、Notion 笔记、飞书文档等接入知识库的方式。本地上传的文档格式可以使用 PDF、TXT、DOCX 等，如图 7-28 所示。

图 7-28　导入本地知识文档

文档导入后，还需要进行知识的分段数据清洗以便加入 AI 助手的检索库中，目前，"扣子"平台支持自动分段清洗与自定义分段（可按文本长度和标识符切分）两种方式，通过分段处理有助于提高检索的精准度，如图 7-29 所示。

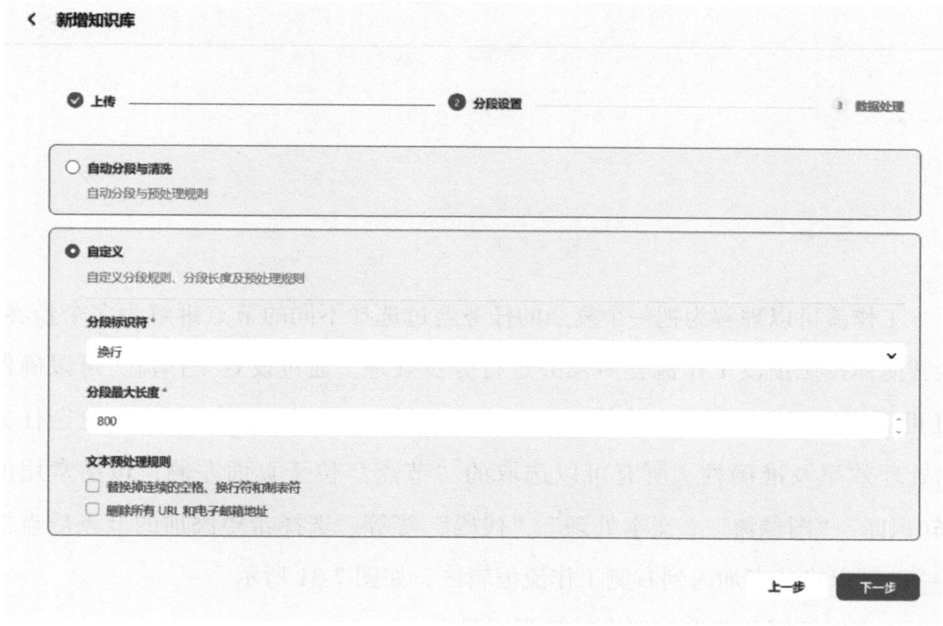

图 7-29　对本地知识分段

　　知识库建立完成后，智能体再接收到问题时将主要围绕知识库中已有的材料展开分析推理，回答内容的相关性和准确性会大幅提升。如果希望进一步让 AI 助手的内容生成更精准，需要继续搭建一个工作流，同样在主页上进入"个人空间"后可以找到工作流相关的功能，如图 7-30 所示。

图 7-30　创建工作流的功能位于右上角

　　工作流可以理解为把一个复杂的任务通过选择不同的节点拆解为多个步骤，让智能体按照预设工作流程对任务进行分步处理。通过设置工作流，可以确保 AI 助手接收到提示词后能够依次调用合适的插件和工具，从而提升对复杂任务的处理效率及准确性。所有可以选取的"节点"位于页面左侧，包括常用的"知识库""图像流""文本处理""代码"等等。选择希望添加的节点后点击"+"，可以将节点加入到右侧工作流编辑区，如图 7-31 所示。

　　下面对不同的节点类型进行简要说明。

　　"开始"节点会接收使用者输入的提示词，本例中把输入变量名称设置为

"question"，用来接收使用时输入的提示词问题，如图 7-32 所示。

图 7-31　工作流编辑区域

图 7-32　"开始"节点是智能体工作流的起点

　　"知识库"节点会从本地知识库中检索出与问题相关的知识片段，这里把刚才创建好的知识库添加到该节点中，如图 7-33 所示。

图 7-33   知识库节点

在"知识库"节点获取到企业的知识内容后，将结合原问题"question"查找与问题相对应的答案所在的文档片段，找到可以引用的文档片段后，"知识库"会连同原问题一起组装成提示词再发送到"大模型"节点进行处理。"大模型"节点支持选择不同的大模型，如豆包、通义千问、Kimi（Moonshot）、智谱清言（GLM）等，如图 7-34 所示，默认情况选择豆包即可。

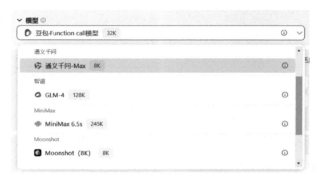

图 7-34   工作流可以选择使用的基础大模型

在"大模型"节点的提示词部分，需要提前定义好智能体的角色、任务与
要求（类似本节前面介绍的构建方法），可以让大模型更高效地处理任务，如
图 7-35 所示。

图 7-35　大模型节点设置提示词

"大模型"节点会使用输入的提示词，结合用户问题和知识库检索到的知识
片段进行匹配并生成回答，通过"结束"节点展示智能体的回答，如图 7-36
所示。

图 7-36　结束节点生成最终回答

了解每个节点的职责知后，读者还需要将工作流节点进行组合配置，编排各个 AI 环节，使其协同运作以实现知识管理的高效流转。在编辑完成后，可以点击右上方按钮对工作流进行试运行，如图 7-37 所示。

图 7-37　对工作流进行试运行

选择一个简答的问题，如"什么是 AI Agent"，可以验证工作流是否运行成功，之后点击"发布"即可完成工作流搭建和发布，如图 7-38 所示。

图 7-38　工作流试运行成功

回到 AI 助手设置编排的界面中，此时可以使用"工作流+"的功能将刚才创建好的工作流进行关联，如图 7-39 所示。

图 7-39　关联工作流

完成关联后，构建的企业 AI"知识助手"就可以使用刚才的工作流对各种复杂问题进行回答，同时还拥有了企业内部的知识库。

7.3.4　调试、预览 AI 企业助手

在发布 AI 企业助手之前，进行调试和预览是必不可少的步骤。可以在右侧的预览与调试区域中，输入一些常见问题进行测试，如"如何快速查找公司合同模板"或"当前热门的大模型相关名词怎么解释"等。调试过程中，读者要关注 AI 助手是否能准确从知识库中提取相关文档并提供正确答案，如果需要可根据测试结果对提示词、工作流或知识库进行调整，确保助手能够满足实际需求，如图 7-40 所示。

图 7-40　预览和调试 AI 助手

为了提升 AI 助手与用户的对话体验，还可以配置开场白、快捷指令、角色语音等个性化功能，让智能体更"拟人化"。例如设置好的开场白，可以明确 AI 助手的职责，同时通过问候语营造出一个友好的对话氛围，鼓励用户更主动地与 AI 助手互动。快捷指令可以预设一些常见的快捷指令，方便用户快速获取常用信息，如图 7-41 所示。

在日常的智能办公情景中，职场人经常需要查找与公司政策、工作流程或文档管理相关的内部知识，上述 AI 企业助手已经调试完毕，可以辅助快速获取公司内部信息。以下是一个演示对话，展示了专属 AI 企业助手调试完成后的结果，如图 7-42 所示，所有的回答内容都是来自于示例中上传的政策文件，符合公司的内部规定。

提示词示例：
你好，帮我找一下公司最新的员工考勤政策。

图 7-41　AI 助手的个性化设置

你好，帮我找一下公司最新的员工考勤政策。

知识助手

=====

答案：公司实行标准工作时间制度，每周工作五天，周一至周五，工作时间为早上9:00至下午6:00，每个工作日中午12:00-13:00 为午休时间。员工须每天上班和下班打卡，打卡方式有刷卡、指纹、面部识别等。未按规定时间打卡需向直属主管提供合理解释，否则视为迟到或早退。每月累计迟到或早退超过 3 次将予以口头警告、书面警告或处罚。公司鼓励员工按时完成工作任务避免加班，确需加班需事先报请主管批准，加班有相应补贴或调休。请假类型有事假、病假、年假、产假 / 陪产假、婚丧假等，请假须提前填写申请表并获主管批准，紧急情况可先口头或电话请假事后补办手续，超过 3 天以上请假需提交书面申请由部门经理批准。违反考勤规定累计达到一定次数将进行警告、扣除工资或其他处分，旷工一天扣除当天工资并记入个人档案，连续旷工三天或全年累计旷工五天以上视为自动离职。员工全年无迟到、早退及旷工记录年终考评将予以适当奖励，表现优秀无违规记录公司可视情况给予额外奖励或晋升机会。本制度由公司人力资源部门负责解释，自发布之日起生效，原有考勤管理规定同时废止。^^ 来源：引用内容总结。

=====

图 7-42　AI 企业助手示例

7.3.5　发布 AI 企业助手

当 AI 助手通过调试后，可以点击右上角的"发布"按钮选择对应的平台发布。"扣子"支持多个平台的集成，如飞书、抖音、微信公众号等。正式发布之后，公司内部的其他用户也可通过这些平台使用企业知识管理及查询助手来提高日常工作效率，如图 7-43 所示。

图 7-43　选择 AI 助手需要发布的平台

在本节内容中，详细介绍了如何使用"扣子"平台搭建专属 AI 企业助手，包括智能体人设定义、知识库关联以及配置工作流等。通过对智能体 4 个组成部分的合理配置，最终能够获得一个符合企业需要的 AI 企业助手。读者可以参照本节所介绍的创建流程，依循同样的思路，构建满足本企业工作特点的 AI 助手。

7.3.6　使用已有工作流模板快速构建

本节内容介绍的 AI "工作流"的创建、配置相对难度较高，本小节介绍"工作流商店"中已创建好的应用，读者可以通过复制已发布的工作流来实现助手的快速复用与构建，从而避免手动创建 AI 工作流的复杂过程。

进入"扣子"的主页，点击左侧导航栏的"工作流商店"，可查看到所有开放的工作流，如图 7-44 所示。

图 7-44　"扣子"的工作流商店

　　选择公开的工作流前需要先明确企业助手的具体需求和期望目标，建议读者主要考虑以下问题：AI 助手将主要用于哪些场景？例如客户服务、内部员工知识查询、项目管理等；需要 AI 助手具备哪些特定的功能？例如回答常见问题、提供产品信息、协助流程审批等。明确需求后，通过浏览可用的工作流库模板，筛选出与需求最为接近的工作流进行使用。本节的示例按照产品和品牌运营人员的视角进行工作流的筛选和复制，如图 7-45 所示。

图 7-45　选取合适的工作流进行复制

点击工作流进入其详情展示界面，使用左上角的"复制"按钮可以将智能体复制进入自己的 Bot 中，如图 7-46 所示。

图 7-46　复制已有的工作流

复制完成后，可在助手编排界面中的"工作流"区域看到关联后的工作流内容，如图 7-47 所示。

图 7-47　工作流关联

关联完成工作流内容并进行基本信息设置后，可在右侧"预览与调试"中进行全面的测试，模拟不同的使用场景和问题，检查 AI 助手的响应是否准确、及时；并调试任何出现的问题，包括错误的回答、功能故障等，如图 7-48 所示。

图 7-48　调试、优化 AI 助手

调试完成后，即可通过"发布"按钮，完成助手的创建，如图 7-49 所示。

图 7-49　完成并发布 AI 助手

新创建的 AI 助手 Bot 会出现在"扣子"平台的"Bot 商店"中，点击进入 Bot 的问答界面，读者即可将自己的交互问题发送给 AI 助手，展示其实际的使用效果示例如图 7-50 所示。

提示词示例：
推荐一些收集用户对产品评价反馈的方法

推荐一些收集用户对产品评价反馈的方法

产品运营助手 10:03

以下是一些收集用户对产品评价反馈的方法：

1. 亲自体验产品并对比评测。
2. 参考第三方机构对比评测。
3. 查看官网介绍、产品文档、FAQ、帮助文档。
4. 关注官方论坛、微博粉丝、QQ 群等渠道。
5. 分析第三方研究机构数据、搜索引擎结果。
6. 亲自访谈用户、发放调查问卷。
7. 关注用户论坛收集用户情况。
8. 查看官方简介了解产品定位。
9. 分析财报、财报解读、高管讲话了解盈利模式和产品方向。
10. 关注高管访谈、广告、推广活动、微博、官网新闻、合作伙伴、销售人员等渠道了解市场推广情况。
11. 查看官网、财报、内部出版物了解产品信息。
12. 关注人才招聘、专利、收购等信息了解公司动态。
13. 分析版本更新路线图、供应商信息了解产品发展。

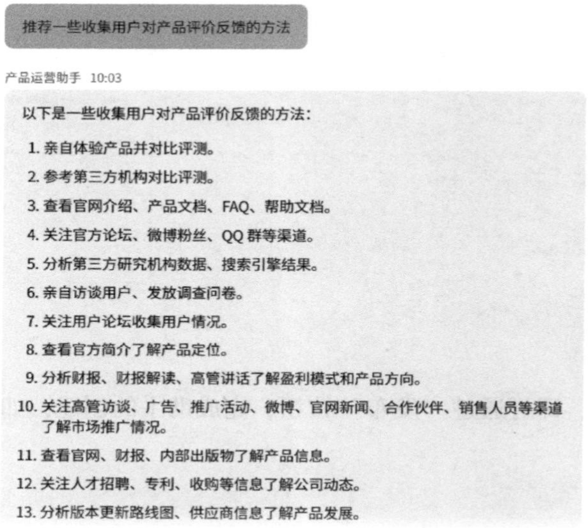

图 7-50　产品运营助手示例